# 大師級
# 手沖咖啡學

U0006979

選豆・烘焙・手沖・品飲
咖啡教父傳授沖出好咖啡的重要小細節

崔榮夏——著　　黃薇之——譯

# CONTENTS

**序** 用一杯熱咖啡，傳達幸福的香味 6

**前言** 咖啡學院教父的精選課程 10

**LESSON1 咖啡品飲史**
## 咖啡的歷史與知識

**1** 咖啡的魅力 14

**2** 咖啡的誕生 18

**3** 韓國咖啡的演變史 22

**COLUMN1** 韓國的咖啡品牌 30

**4** 咖啡與健康 34

**5** 世界各國咖啡的特色 42

**COLUMN2** 不同國家的咖啡生產與消費比率 48

**LESSON2 認識咖啡豆**
## 掌握咖啡的風味基調

**1** 關於生豆 54

**2** 認識咖啡豆 62

**3** 認識咖啡的品種 70

**4** 十一種知名咖啡的風味特徵 76

**COLUMN3** 獨家綜合豆的美味配方 84

**5** 讓咖啡美味加分的副原料 88

**6** 決定咖啡味道的烘焙 92

**COLUMN4** 自家烘焙 102

**LESSON 3 萃取實作**

# 不同的萃取工具，味道也會不同

**1** 手沖　108

・法蘭絨濾布過濾　119

・濾紙過濾　122

　　Melitta 濾杯

　　Kalita 濾杯

　　Kono 濾杯

　　Hario 濾杯

　　Clever 聰明濾杯

　　Chemex 咖啡濾壺

**2** 土耳其銅壺　138

**3** 法式濾壓壺　142

**4** 虹吸壺　148

**5** 摩卡壺　154

**6** 冰滴咖啡壺　160

**7** 膠囊咖啡機　166

**8** 美式咖啡機　170

**9** 義式咖啡機　174

**COLUMN 5**　在家享用冰滴咖啡　184

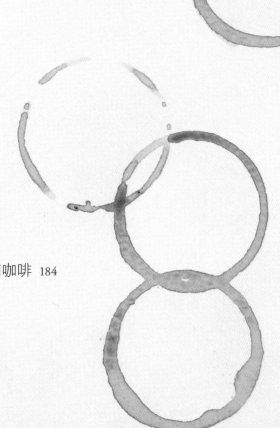

**LESSON 4** 咖啡食譜

# 經典人氣咖啡飲品

1 美式咖啡 190

2 濃縮瑪奇朵 192

3 咖啡拿鐵 194

4 卡布奇諾 196

5 咖啡摩卡 198

6 焦糖瑪奇朵 200

7 阿法奇朵 202

8 冰美式咖啡 204

9 冰咖啡拿鐵 206

10 冰卡布奇諾 208

11 冰咖啡摩卡 210

12 摩卡奇諾 212

**COLUMN6** 特殊風味的柳橙拿鐵 214

**LESSON5** 拿鐵藝術

# 基本款咖啡拉花、立體造型

1 雲朵卡布奇諾 220

2 立體貓咪造型拉花 222

3 巧克力花朵 226

4 基本款愛心型拉花 230

5 基本款 Rosetta 葉片拉花 232

**COLUMN 7** 特製拿鐵食譜 236


**特別附錄**

# 手沖咖啡的美味訊息

嚴選職人級自家烘焙咖啡名店 242

購買生豆和單品咖啡豆 246

咖啡師培訓課程與單位 247

咖啡創業的準備 249

# 用一杯熱咖啡，
# 傳達幸福的香味

　　在世界各國中，最受歡迎的飲料當然非咖啡莫屬，無論是叫做「Coffee」或「Cafe」的飲料，只是名稱不同而已。我覺得咖啡就是幸福、休息與享受，過去從未想像能從事與咖啡相關的事業，對於現在眼前這個因咖啡而開啟的新世界，依然覺得神奇又新鮮。除了感謝讓我認識咖啡的上帝，也想用咖啡對辛苦生活的人們傳達溫暖的心意與情感。還有在世界上某處挨餓受苦的孩子們，希望能透過咖啡與他們分享新的人生。此外，希望能讓正在閱讀本書的你，像喝下一杯熱咖啡般，內心充滿溫暖與幸福。

我過去在職場中擔任 IT 專家，隨著年薪增多，職責也日益重大，身為動輒數百億韓元的技術專案主管，事實上身體的疲勞與內心感受的壓力更是龐大。隨著系統上線的日期逼近，工作人員就像頭精神緊繃的猛獸般，每到了那個時候，對自己不同於平常的模樣不僅感到厭惡，健康也漸漸亮起了紅燈，頭痛得像快要炸裂一般，心跳異常加速，血壓甚至升高至一六○ mmHg。誤以為只要忍耐、繼續認真工作，順利升職的話，日常生活就能回復平靜。當時和高階主管一起工作時，順勢詢問了他們的日常生活狀況，才發現主管們的壓力和壓迫感比我更大，被繁多業務所困，更加倍感孤獨。我才領悟到，不想再將自己的人生每天浪費在反覆的加班、繁重的工作與壓力上。內心有一個聲音告訴我，開始去做會讓自己感到幸福的事吧！

　　決心要離職之後，我思索著「什麼是能讓所有人感到安慰與幸福的事？」，這時，腦海中立即浮現甜甜的巧克力與暖暖的咖啡。從小看到外國的甜點專賣店時，就想著「要是韓國也有這樣的地方該多好」，這久遠的記憶被喚醒後，我便決心要開一家甜點咖啡店，並馬上就報名了韓國最知名的巧克力學院，每週都去學習巧克力與甜點的做法，將實習做的巧克力當成禮物送給身邊的親朋好友，每個收到的人都相當開心。當時我還在公司任職，一旦有困難的專案成功時，與

說一句「做得不錯」稱讚對方，不如透過甜甜的巧克力或暖暖的咖啡，更能讓對方感受到幸福。最後，我在專案快結束時，便果斷地離職了，帶著這樣的抱負與決心，走出了公司的大門。

「在職場上辛苦工作的上班族、每天為家事和育兒操勞的主婦，用一杯溫暖的咖啡來安慰他們吧！用溫暖來撫慰人們的內心，讓這個社會上的每個人都能更加幸福。」

從事咖啡事業沒多久，我就開始在一些企業和大學講堂中授課，也在中國、俄羅斯、印尼、蒙古等海外教授課程，成了專門的咖啡講師。二〇一一年，我在咖啡的國度衣索比亞，成立了一所小小的學校。栽培咖啡的國家大部份都屬於貧困國家，當地的農民無法上學，甚至一天只能吃上一餐的情況也屢見不鮮，心中便開始有了想幫他們成立學校的夢想。即使沒有華麗的外觀，也想要透過咖啡，與當地的孩子分享幸福，而這夢想透過成立學校實現了。希望未來能在更多國家，實踐這個分享幸福的理念。

咖啡雖然不是必需品，但毋庸置疑地已經成為讓人生更有價值的裝飾品，就像是能妝點外在服飾配件一樣，咖啡也是能讓我們的人生更有風味的工具。無論是初次接觸咖啡的人，或是想在家享用如同咖啡館般美味咖啡的人，希望這本《大師級手沖咖啡學》能對你有所幫

助。本書盡可能地簡明扼要的對產區風土、生豆處理、烘焙和沖煮方式做系統整理，相信對於想要在家享用一杯好咖啡的讀者，或是懷抱開設咖啡店創業夢想的人，都能在實質上有所幫助。

　　在過去這段時間裡，我透過咖啡領悟到，咖啡並非一種賺錢的手段，而是分享與情感的媒介。從這之中，有時締結了良好的緣分，有時也獲得了收益，希望你的人生也能善加利用咖啡的美好香氣，創造各種可能。

# 咖啡學院教父的精選課程

近幾年是咖啡的全盛時期，不但可以在外國品牌的咖啡連鎖專賣店，或是咖啡職人經營的咖啡館找到喜愛的咖啡，還能直接到專業的咖啡學校上課。只要對咖啡有基本的正確認識，任何人都能夠找到並製作出適合自己口味的咖啡。

接下來介紹的就是每個人都能輕鬆學習的咖啡基礎，以及如何在家沖出不會比咖啡館遜色的咖啡。

## 【1】咖啡的品飲史與不同風味的咖啡種類

對咖啡有基本的認識之後，就會對每天接觸的咖啡有不同的感受。符合自己喜好的咖啡風味是什麼？喜歡怎麼樣的咖啡豆？不同產地的豆子會有什麼不同的味道……等，累積相關的基本知識。認識咖啡的味道，就是享用咖啡的第一步。

## 【2】從基本風味和生、熟豆種類，熟悉咖啡的知識

走在街上，到處都能找到咖啡專賣店，也常看到拿著印有咖啡店 LOGO 的紙杯外帶咖啡的人們。咖啡在我們生活中已佔有一席之地，在日日品味的同時，別忘了藉由熟悉咖啡豆的種類和風味，就能更了解自己喜歡什麼樣的味道與香氣。

## 【3】親自萃取沖煮一杯好喝的咖啡

累積了一定程度的咖啡相關知識後，接下來就是在家或辦公室都能享用咖啡的各種方法。熟悉咖啡萃取的工具與方法：將原豆粉以濾杯或法式濾壓壺萃取，也可以用摩卡壺煮一杯濃郁的義式濃縮咖啡，各種方式都可以嘗試。隨著不同的萃取方式，咖啡的味道和香氣也會跟著改變。

## 【4】在家沖出比咖啡館更棒的好味道

當咖啡形成一種文化時，每個人享用的方法也都各有不同。有的人會重視咖啡豆的選擇，也有不少人喜歡到可以品嘗各種義式咖啡的專賣店。學會如何用各種器具沖煮咖啡後，你家就是迷你咖啡館，親自試做看看各式各樣的咖啡飲品吧。

## 【5】挑戰 latte art ── 拉花技術

想要營造咖啡館般的氛圍，何不試看看拉花呢？拉花也稱為「拿鐵藝術」（latte art），就是將「拿鐵」中的牛奶與「藝術」拉花技巧結合，有「用牛奶完成的藝術」之意。以牛奶完成的拉花藝術，不僅可以營造出獨特的氣氛，用來招待訪客也誠意十足。

## 【6】職人養成的特別講座

透過每一個專欄的內容，讓各位讀者的咖啡實力再進階一級，專業與業餘的分別就在於此。比基礎知識再多熟悉一些實作的方法和業界標準，就能更深入地享用咖啡，是成為達人的第一步。

## 【7】從手沖、烘焙到拉花，20 支影片邊看邊學

用智慧型手機掃描書中刊載的 QR Code，就能看到作者親自示範咖啡萃取方法的影片。從手沖、自家烘焙、製作咖啡飲品到拉花技巧，完整呈現作者的咖啡祕訣。請仔細觀賞這二十支影片，開始在家學習大師級手沖咖啡的精選課程吧！

咖啡品飲史

# 咖啡的歷史與知識

　　咖啡在全球各地都廣受喜愛，現在可說是咖啡的全盛時期，不僅有許多平價咖啡連鎖店，街頭巷弄中也有許多風味獨特的手沖咖啡小店。也有更多人選擇購買符合自己口味的熟豆和手沖器材，在家自己萃取咖啡，甚至還有不少人更進一步的直接購買生豆回家親自烘焙，咖啡的人氣不可小覷。咖啡是如何進入我們的飲食、乃至於在日常生活中占有一席之地？為了讓你更了解咖啡，首先要了解有關咖啡的知識：演進、傳播、對健康的影響，以及各國的咖啡文化。

# 1 咖啡的魅力

## 享受休息的象徵和溝通的媒介

　　咖啡愛好者一天平均會喝一至兩杯咖啡，不過，有些人只是基於習慣，有些人則是很懂得享受咖啡的魅力，隨著不同的品飲時間，賦予每一杯咖啡不同的意義，生活的品質也會跟著不同。對我來說，咖啡就是進入職場生活後，可以不用看他人臉色、享受休息時間的絕對防護罩。再加上我不抽菸，就更常藉著喝咖啡來小作休息。常常和前輩一起喝的三合一咖啡，不只是休息而已，也是分享交流公司內部話題的重要時間。

## 因人而異的咖啡時光

　　大學時期，有位總是包攬系上第一名的朋友有喝咖啡的習慣，他每天早上第一堂課之前，常會去按販賣機的咖啡來喝。畢業之後進入職場生活，才理解到咖啡能提高注意力，趕走睡意，快速產生活力並讓身體狀態達到巔峰的作用。大學那位從沒讓出第一名寶座的朋友，或許早已知道這個事實。咖啡對於每個人，或在不同時期都是有著不同意義的魅力飲品。對於唸書的學生來說，就是提升注意力、趕走睡蟲的提神飲料；對於被龐大業務轟炸的上班族來說，就是休息時間的必需品；接待客人時，就是毫不遜色的飲料；對於用完餐的人說，就

像是一個完美俐落的句點；甚至也有不少人如果前一天喝太多酒，隔天也會把咖啡當成解酒的飲料。

## 實驗證明，咖啡香氣讓人變得親切包容

咖啡是能讓人的內心變得溫暖的靈藥，美國一位知名的社會心理學者 Robert A. Baron 博士，就曾用咖啡做了一個有趣的實驗，在百貨公司裡散發研磨咖啡的味道後，再觀察人們面對麻煩又瑣碎要求時的反應。實驗結果顯示，在充滿咖啡香氣的空間，表現出親切反應的人數，比沒有咖啡香氣的空間多達兩倍。經由這個實驗，可以確定咖啡香氣確實能夠使內心感到放鬆，引發寬容親切的情感表現。

咖啡能使人感到放鬆、悠閒且溫暖，給予我們幸福感，將日常生活變成精品的人生靈藥。試著將鬧鐘設定得比平常早三十分鐘，再以一杯精心沖泡的咖啡來開始新的一天，相信你不只提神醒腦、精神充沛，更能用愉快的心情面對一天的挑戰。

### 咖啡與生活品質

隨著對咖啡更進一步的了解，
品飲時，也會賦予每一杯咖啡不同的意義，
是讓日常生活風景為之一變的神祕靈藥。

# 2 咖啡的誕生

## 咖啡的語源

「咖啡」，是咖啡樹結果之後，將果肉去除，只留下生豆（種子），並經過一定時間的炒豆烘焙過程製成熟豆，再將熟豆磨碎，加水萃取出咖啡成分飲用的飲料。

根據「Omar傳說」的內容，在咖啡果實於全世界普及之前，阿拉伯人早已將這種飲料命名為「Qahwa」。之後，因其特有的興奮作用，就以阿拉伯語中有「力量」之意，同時也是咖啡起源地衣索比亞的「Kaffa」來稱呼它。之後再傳到英國，就演變成「Coffee」這個名字。

咖啡在植物學上的學名是「Coffea」，義大利語為「Kaffe」，法語為「Café」，德語為「Kaffee」，荷蘭語為「Koffie」，英語為「Coffee」，日語是「コーヒー」，中文稱作「咖啡」，俄語為「Kophe」，捷克語是「Kava」，越南語則以「Caphe」來表示。英國起初稱它為「阿拉伯紅酒」，到了一六五〇年代，咖啡愛好者亨利‧布朗特（Henry Blount）開始用「Coffee」這個名稱，就一直流傳到現在。

---

### 咖啡的原料

咖啡樹果實中的種子，就是咖啡的原料「生豆」。也常被稱作「咖啡豆」或「Green Bean」。

---

## 咖啡的傳播

　　衣索比亞原產地的咖啡樹，最早是先傳到衣索比亞的鄰國葉門。以紅海相隔的衣索比亞與葉門，兩國之間只須靠小船就能輕鬆的往來，也因此流傳了不少的說法。其中最有說服力的一種，是西元五百年左右，衣索比亞與葉門發生戰爭，當時衣索比亞的軍人將咖啡果實作為軍糧，在葉門的土地上戰敗後，撤退時就將軍糧留在當地。葉門人便把這些咖啡果實拿來種植，就開始了咖啡樹的栽種。由於衣索比亞是咖啡原產地，在當地就像野生的一般，和栽種方式相比，咖啡樹不但隨處可見，咖啡果實的收穫量也較多；不過，葉門不止種植咖啡樹，也一邊學習栽培的技術，將生產的咖啡從葉門的「摩卡」港輸出至歐洲，之後中東及衣索比亞的地區的咖啡都被稱為「摩卡咖啡」。

　　根據記載，飲用咖啡的起源就是在阿拉伯半島南端葉門的亞丁，人們為了治療疾病使用咖啡果實，因而流傳開來，之後就以亞丁為中心迅速地傳遞出去；十五世紀末期，傳播至伊斯蘭教的聖地麥加（Mecca），再透過麥加傳到歐洲東南部、非洲、西班牙、印度等地。十五世紀從埃及、印度和敘利亞開始，到十七世紀時，已經廣泛擴散至土耳其到羅馬帝國。到了十八世紀發現新大陸之後，咖啡也隨著傳到歐洲。

　　「咖啡屋」（Coffee House）是讓咖啡廣受人們喜愛的重要角色，也就是現在咖啡專賣店。西元一五〇〇年左右，君士坦丁堡開設了第一家咖啡屋，因為華麗並充滿異國風情，吸引了許多觀光客來此品嘗咖啡，並開始將咖啡帶到自己的國家。

　　一六六四年，法國的路易十四世首次喝了咖啡之後，每年都要輸

入王室專用的咖啡。而英國則是一位名叫雅各布（Jacob）的人，於一六五〇年的牛津開設咖啡屋，此後到十七世紀末，倫敦已經有超過兩千家的咖啡屋。不過，咖啡正式傳入歐洲，則是透過戰爭才開始的，因為應戰的土耳其戰士們的必需品就是咖啡。由於咖啡有振奮精神的效果，拿破崙在戰場上也會飲用。

一六九一年，美國第一家咖啡屋在波士頓開始營業，到了十八世紀初，波士頓以有著世界最大、最豪華的咖啡屋，迎來其全盛時期。一六九六年，紐約開了第一家咖啡屋，一七三〇年甚至還建立了一間扮演貿易中心角色的咖啡屋。再加上美國獨立戰爭爆發，「波士頓傾茶事件」（Boston Tea Party）之後，咖啡變得更加普及化。

亞洲國家中，日本是最早接觸咖啡文化的國家，一八七八年開始出現咖啡專賣店的概念；一八八八年，日本第一間咖啡館在東京開設（開設者是鄭成功弟弟的後代子孫）。

### 摩卡港與摩卡咖啡的關係

摩卡港輸出的咖啡豆有強烈的巧克力香氣，因為如此，摩卡這個名詞就有「巧克力」的意思。最近加入巧克力糖漿的飲料，也會加上「摩卡」兩個字，像是摩卡拿鐵、摩卡奇諾、摩卡法布奇諾（星冰樂）等。

# 3 韓國咖啡的演變史

## 隨著美軍登陸而開發出的三合一咖啡

　　「咖啡」這個名字只有一個，為何又可以分成即溶咖啡與研磨咖啡呢？雖然研磨咖啡才是始祖，但在我們的記憶中，較為熟悉的卻是即溶咖啡，為什麼會這樣呢？

　　韓國和其他國家較為不同，比起研磨咖啡，即溶咖啡較早深入一般大眾的生活。一九五〇年代，由於美軍的需要，即溶咖啡初次登陸韓國。當時在美軍部隊裡到處可見的即溶咖啡，透過附近的居民或與軍隊相關人士往外流出，因而虜獲了韓國人的口味。

　　一般認為即溶咖啡的發明者是日裔美籍的化學家 Satori Kato，但當時民眾的接受度不高，因此沒有流行起來（二〇一二年的最新發現，首位發明即溶咖啡的人是紐西蘭的 David Strang）。在二十世紀初，一位歸化美籍的英國化學家喬治‧C‧華盛頓（George Constant Washington）發明了能大量生產即溶咖啡粉的方法；在第一次世界大戰中，美軍將這位化學家的即溶咖啡公司列為供應商，只需要熱水就能立刻沖泡飲用的即溶咖啡，便隨著美軍前往各地。

## 三合一咖啡普及後，茶房*漸漸沒落

　　一九七六年，韓國開發出將冷凍乾燥的咖啡與一定分量的砂糖和

---

\* 韓國早期賣傳統茶及茶點的地方，類似現今的咖啡館，除了茶之外，也會有咖啡等飲料。

### 即溶咖啡普及化的重要推手

1930 年代，雀巢公司（Nestle）接受巴西政府的委託，研究如何處理產量過剩
的熟豆並尋找更好的保存方法。1938 年，雀巢公司開發出能讓咖啡粉長久保存
又不失風味的生產工藝，就是日後廣受群眾喜愛的雀巢即溶咖啡。
（資料來源：https://www.nescafe.com.tw/history）

奶精，分裝成一次使用的三合一咖啡。用一定比例的咖啡、奶精與砂糖做成的三合一咖啡上市之後，無論是在辦公室、餐廳、山上或海邊，隨時都能享用咖啡，只要簡單地加入熱水，就能喝到一杯色香味俱全的咖啡，有著極大的魅力。

當時，三合一咖啡在韓國不僅是使咖啡普及的重要角色，對於「茶房」的漸漸消失，也有著極大的影響力。根據統計，一九七〇年代末期，韓國的茶房最多曾高達八千八百多家，如果用三步一小家、五步一大家來形容，一點也不誇張。當時扮演著街坊交誼廳作用的茶房，隨著三合一咖啡的出現，也漸漸面臨到了轉變，原本一定要由他們來調製黃金比例咖啡的茶房主廚們，一夕之間就失去了工作。再加上在家享用咖啡的文化逐漸成為風氣，茶房便銷聲匿跡，漸漸的沒落下去了。

## 三合一咖啡取代傳統鍋巴湯，成為飯後甜點

一九八〇年代時，咖啡只是部分時髦的人才會喝的飲料，而使咖啡大舉成為全國國民嗜好品的契機，就是電子鍋與壓力鍋的發明。你可能會想：「我們不是在討論咖啡嗎？怎麼扯到飯鍋去了？」，因為電鍋讓韓國的飲食文化出現了急遽的變化。過去用鐵鍋或一般鍋子煮

### 三合一咖啡和鍋巴湯相似的香濃風味

三合一咖啡主要是使用羅布斯塔（Robusta）豆，有著麥茶、玉米鬚茶、鍋巴湯般的香味。或許因為這樣，韓國人在不知不覺間，就習慣了喝三合一咖啡來代替飯後的甜點鍋巴湯。

飯時，都會有剩下的鍋巴煮成鍋巴湯，作為飯後甜點，或是將乾的鍋巴油炸再沾上砂糖，當成餅乾吃。當家家戶戶改用電子鍋之後，飯後鍋巴甜點的文化幾乎消失，而是改喝三合一咖啡來代替。

## 開始興起研磨咖啡的風潮

一九八六年，出現了不用準備熱水或杯子，也能容易喝到的罐裝咖啡，再加上自從一九八八年首爾奧林匹克大會後，韓國民眾到海外旅行的頻率增加，越來越多人品嘗過研磨咖啡的風味，漸漸開始有人在家喝起研磨咖啡。

儘管如此，依然有許多人選擇享用三合一即溶咖啡。二〇〇三年韓國即溶咖啡的銷售額高達一億韓元，大規模佔據了韓國咖啡市場的九十％；同時，研磨咖啡的人氣也急速上昇。約從十年前開始，在路上人手一杯外帶咖啡成為流行的象徵，消費者對於研磨咖啡的好感度

也直線上昇。觀察最近的咖啡進口動向，二〇〇七年時高達二億三千萬美元的咖啡進口額，使得研磨咖啡市場擴增，二〇一一年更成長二百一十％，暴增至七億一千七百萬美元，從這點便可得知研磨咖啡的高人氣。二〇一二年冬天，造訪韓國的美國咖啡協會（NCA）的會長尼爾遜（Robert Nelson）便曾預測：「韓國的咖啡消費量，不久即可進入世界排名前十名。」

## 自助式的咖啡專賣店

現在一般住家旁的巷弄都能找到咖啡專賣店，可謂是咖啡專賣店全盛時期。在一九九〇年左右，咖啡專賣店只有二十多家，很不常見，但根據二〇一三年度的統計，目前韓國共有四萬五千多家咖啡專賣店，成長速度相當驚人。儘管有人說是供過於求，仍可以從咖啡專賣店的出現看出韓國某種程度的文化水準。從中仔細觀察的話，就能發現大城市的大型賣場為供過於求，小型賣場或鄉下則似乎是供給略顯不足。

那麼，咖啡專賣店是從何時開始出現的呢？在一九八〇年代後期與一九九〇年代初期，出現了與現在的咖啡館類似的咖啡專賣店，這個先河就是一九八八年在狎鷗亭開第一家店的「Jardin」，自此不再是個人經營的小規模咖啡館，而開始出現了咖啡連鎖店。當時包括 Jardin 在內，還有日系咖啡連鎖店羅多倫（DOUTOR）、NICE DAY、蘭茶廊等知名咖啡連鎖店，之後還出現了 Herzen、Bremer、Arz、Mr. Coffee 等，從此開始導入了自助式概念。即使到了一九九〇年時期，韓國人仍習慣店員親自到顧客的座位接受點餐，並端上餐點或茶的服務文化，這樣自助的方式便不易被接受。而在咖啡專賣店點餐時，對於陌生的咖啡品項，也讓許多客人難以選擇。

此外，親自點餐、取餐，喝完之後還要清理，也有不少人會出現「花了錢還要自己來」的不滿。這時的咖啡專賣店，販售的是以滴漏方式製做的濾泡式咖啡（Brewing Coffee）。

## 因國際連鎖店而普及的咖啡文化

一九九九年從美國引進的咖啡品牌星巴克正式登場，當時位於梨花女子大學前的第一家星巴克，咖啡價格是三千至四千韓元，當時大學生平均一餐的費用是二千至三千韓元，花大錢喝上一杯比一餐餐費還要昂貴的星巴克咖啡，那是非常奢侈的享受。可是不到十年的現在，就演變成大部份的人用完餐後都習慣到咖啡店享用一杯咖啡的時代，變化非常劇烈。

咖啡愛好者已經習慣咖啡館文化成為生活的常見風景，目前的咖啡趨勢潮流，已經來到追求單品咖啡的精品風味。如何選擇喜歡的豆子，搭配出喜歡的風味，並使用最能發揮豆子香醇味道的沖煮方式，萃取出個人化特色的好咖啡，已然成為愛好者們興味盎然的一門功課。

### 什麼是濾泡式咖啡（Brewing Coffee）？

指的是不用咖啡機，而利用重力的原理來沖泡咖啡的方式。像是以濾杯、愛樂壓（AeroPress）、摩卡壺（Moka Pot）、法式濾壓壺（French Press）、Chemex 咖啡濾壺等工具所萃取、沖泡的咖啡都可稱之。

### 韓國的咖啡文化

10 年前，一杯星巴克咖啡比一餐飯錢還昂貴時，
敢花錢買咖啡喝是一種奢侈的享受，
如今飯後咖啡已經成為一種飲食習慣，
全球的咖啡文化正在邁向追求個人化特色的精品咖啡階段。

# 韓國的
# 咖啡品牌

　　到了二〇〇〇年，韓國的咖啡文化也邁入文藝復興時期。以 The Coffee Bean、CAFFE PASCUCCI 等海外品牌，開啓這一波咖啡專賣店市場的激烈競爭，隨後 HOLLYS COFFEE、TOM N TOMS 等韓國本土品牌也相繼出現。儘管當時韓國的咖啡水準仍處於模仿國外品牌的階段，二〇〇〇年中期，隨著韓劇〈咖啡王子一號店〉獲得超高人氣，將「自家烘焙咖啡專賣店」（roastery cafe）的概念以及「咖啡師」（barista）這樣的咖啡專家介紹給大眾，將原本大眾認為的咖啡店店員，成功扭轉為專業咖啡師的形象。

　　現今韓國的本土咖啡連鎖品牌已將觸角延伸至中國市場，發展為比星巴克更大規模的韓國咖啡品牌，也是指日可待。

### 星巴克 – 焦糖風味

使用尼加拉瓜、巴西、薩爾瓦多、哥斯大黎加、哥倫比亞、瓜地馬拉、巴布亞紐幾內亞等地所產阿拉比卡品種生豆，在美國當地烘焙後再進口至韓國。雖然是調整過酸度的保守口味，濃郁香氣與甜味以及餘韻綿長的後味，有著很好的平衡度。人氣飲品有美式咖啡、咖啡拿鐵、焦糖瑪奇朵、抹茶星冰樂等。

### The Coffee Bean – 柔順的香味

使用瓜地馬拉、巴西、衣索比亞、印尼、哥斯大黎加、哥倫比亞、肯亞等中南美所產的阿拉比卡品種，加上印尼產的四種生豆，在美國以五種烘焙方式製成的熟豆。其特色是不將生豆炒至爆裂的程度，儘量保留豆子本身的風味。以年輕族群與女性為主要客層，人氣飲品有美式咖啡、香草拿鐵、白巧克力拿鐵、摩洛哥薄荷拿鐵等。

### CAFFE PASCUCCI – 濃郁義式

以義式濃縮的配豆方式，混合使用阿拉比卡與羅布斯塔咖啡豆。將瓜地馬拉、多明尼加、巴西、衣索比亞、印度、薩爾瓦多、哥斯大黎加、哥倫比亞、秘魯等地所產的生豆，在義大利蒙泰切里尼奧內（Monte Cerignone）地區進行烘焙與配豆。以中火慢慢烘焙使水分自然蒸發，特色是保留了咖啡豆中順口的酸味與苦味。咖啡飲品之外的原味優格義式冰淇淋與帕尼尼三明治也很受歡迎。

### caffe bene – 比擬精品咖啡的清爽香氣

　　僅使用巴西、宏都拉斯、衣索比亞、巴布亞紐幾內亞所產的阿拉比卡品種生豆，在韓國進行烘焙，有著精品咖啡等級的清新香氣。除了溫和的美式咖啡，還有咖啡拿鐵、巧克力碎片法沛諾（冰沙）和藍莓拿鐵，都是受歡迎的人氣飲品。

### Angel-in-us – 深焙和粗研磨的老派口感

　　僅使用墨西哥、巴西、哥斯大黎加的阿拉比卡品種生豆，在韓國進行烘焙，呈現出典型保守的深焙與粗研磨咖啡風味。美式咖啡、餅乾奶油冰沙和思慕昔都很受歡迎。

### TOM N TOMS – 酸味與甜味的調和

　　同時使用阿拉比卡與羅布斯塔咖啡豆，將印尼的塔洛加（Toraja）、巴西的山多士（Santos）No.2、哥倫比亞的 Supremo 和衣索比亞的耶加雪夫（Yirgacheffe）混合搭配後於韓國進行烘焙。使用電子烘焙的方式均勻拌炒生豆，保留豆子原本的香氣，特色是厚重的口感與均衡的酸味和甜味。咖啡飲品之外，現點現做的蝴蝶脆餅也很美味。

## HOLLYS COFFEE – 韓式咖啡的中庸柔順口感

使用巴西與哥倫比亞產的阿拉比卡生豆，於韓國進行烘焙，特色是不苦不酸、符合韓國人喜愛的柔順風味。花式咖啡中的黑森林冰沙，以及餐點的蜂蜜麵包球都很受到歡迎。

## A TWOSOME PLACE – 濃郁黑咖啡風味

使用瓜地馬拉、巴西、哥斯大黎加、哥倫比亞產的阿拉比卡生豆，於韓國進行烘焙。還能品嘗到加了兩份 Ristretto 濃縮、保留濃郁 crema 且柔順的黑咖啡（long black）。美式咖啡、冰焦糖瑪奇朵、冰珍珠綠茶拿鐵都很具人氣。

## EDIYA – 柔順的酸味與深沈的味道

使用阿拉比卡品種，主要將哥倫比亞的 Supremo 與巴西、哥斯大黎加、瓜地馬拉產的生豆混合搭配，能品嘗到柔順的酸味與風味。人氣飲品有美式咖啡、咖啡拿鐵、熱巧克力、葡萄柚冰沙、優格冰沙等。

# 4 咖啡與健康

## 落後的萃取與包裝方式，讓咖啡有礙健康？

接下來要說個有趣的故事。中古世紀時期，有位醫生為了要證明咖啡和茶有礙健康的事實，讓一個人持續地攝取咖啡，另一個人則是攝取茶，用來研究哪一個人會先死亡，以及哪一種較對人體有害。結果如何呢？比起喝茶或咖啡的受試者，反而是醫生先死了，這是個反駁咖啡或茶有礙健康觀點的有趣軼聞。

不久之前，人們還是認定「咖啡有礙健康」，雖然要判定「咖啡有益健康」仍很困難，但根據最近的幾個研究指出，咖啡比想像中還要對身體有益。只是目前還有不少醫生覺得咖啡對人體有害，因而規勸患者禁喝咖啡。事實上，過去咖啡萃取的設備、包裝技術、運送方式、保存方法等都很落後，因此喝到的咖啡多已變質，才會對健康有所影響。此外，簡便又好喝的三合一咖啡中添加的奶精，對於其植物性脂肪對健康產生不良影響的說法，也是原因之一。長期持續性地攝取脂肪，是對於管理體重與膽固醇值的致命傷。也有報告指出，在等量的咖啡中，即溶咖啡所含的咖啡因是研磨咖啡的五倍。如果無法馬上戒除咖啡的話，就更需要懂得如何更美味且健康地享用咖啡。

## 習慣每天喝咖啡，是成癮嗎？

　　最近有研究指出，喝太多咖啡的話，可能會增加罹患高血壓的風險；也有研究結果表示咖啡可以預防糖尿病或失智症等疾病。從這樣兩極的評價來看，不禁讓人開始苦惱到底該喝咖啡或是戒除咖啡。但是咖啡的確不同於以往負面的看法，反而有許多益處。首先，就從對於咖啡的誤解開始說明。咖啡因是一種無色無臭的苦味成分，被身體吸收之後，會附著在末梢神經上，加速腦部血流順暢，能促進腦部活動與新陳代謝，有提振精神的效果。不過，每個人對於咖啡的反應不同，有人只喝了一杯咖啡就心跳加速，晚上無法入眠。

　　二〇〇七年食品醫藥品安全廳指出，成人一天的咖啡因建議攝取量為四百 mg。四百 mg 的咖啡因等同於四杯美式咖啡、六杯三合一咖啡，或是五罐罐裝咖啡。更重要的是，咖啡因不會累積在體內，攝取致體內後經過一定的時間，都會排出體外。有一說是咖啡因很容易上癮，但事實並非如此。世界衛生組織 WHO 也指出咖啡因並非為依存性物質。

只是生豆過於重度烘焙的話，就會產生等同香菸中的某些物質，才會出現上癮的症狀。嗜喝咖啡的人之中，有些人會只喝某種特定的品牌，或是沒喝到那個咖啡的話，就無法工作的狀況，很可能是由於重度烘焙原豆才產生的上癮症狀。

**咖啡因其實不會成癮**

世界衛生組織所制定的國
際疾病分類中，並未將咖
啡因視為具有上癮性的物
質。研究咖啡因的相關機
構也未在咖啡因中發現依
存性或濫用性。

### 咖啡可預防糖尿病

研磨咖啡有助於調節血糖,能有效預防糖尿病。但是喝咖啡的時候,若依據不同的口味加入砂糖或鮮奶油,一旦過量的話,就有導致血糖過高風險,並可能引發糖尿病。

## 一天喝四杯，可預防糖尿病與失智

　　咖啡最具代表性的正面效果就是能預防糖尿病，咖啡中的鎂和綠原酸（chlorogenic acid）能阻斷葡萄糖的累積，並有改善血糖調節機能的效果。美國約翰・霍普金斯大學研究小組曾以一萬二千二百零四名民眾為研究對象，研究結果顯示一天喝咖啡超過四杯以上的人，比起不喝咖啡的人，罹患糖尿病的機率低三十三％。此外，咖啡也有助於預防失智症，根據法國與瑞典的研究，以一千零九名五十歲的男女為對象，持續二十年的追蹤調查結果，平均一天喝三至五杯咖啡的人，比起不喝咖啡的人，罹患失智症的機率低六十～六十五％。

## 提高注意力及有效減重

　　在我們熟悉的認知中，咖啡能有效趕走睡意，因為咖啡因能活化中樞神經系統，提高專注力與記憶力，在動腦時擔任潤滑油的角色。基於如此，有助於藝術家的創作活動，無論是寫作的作家或是繪圖的藝術家，都會享用咖啡。另外，咖啡還具有少許的興奮作用，就像愛情的靈藥一般，亦能提高異性間的好感度。

最近有許多報導指出，咖啡中所含的多酚成分，具有強烈的抗氧化機能，有助於預防老化，還能分解體內脂肪，也因為具利尿作用，能幫助排出體內不必要的廢物，加快心臟跳動速度、活化血液循環，對於運動效果以及減肥都很有幫助。

　　當我們的身體消耗了碳水化合物或糖分之後，才會燃燒體內脂肪來加以利用，咖啡中的咖啡因成分能幫助分解脂肪，在碳水化合物被消耗之前，先分解脂肪，有利於減肥的效果。

　　攝取咖啡之後，人體的能量消耗量會提高十％，這是因為咖啡中含有的菸鹼酸能促進消耗熱量。不過請記得，一旦體內養分過多的話，咖啡因會將碳水化合物加速轉換為脂肪，飽餐一頓後喝的咖啡，反而會妨礙減肥。

## 用咖啡代替蜂蜜水解酒

　　有些人喝完酒後，會到咖啡館喝杯咖啡再回家，這是一個醒酒、減緩宿醉非常有效的方法。根據研究結果，酒後一杯咖啡，能有效縮減肝臟解毒的時間。這是因為咖啡中的咖啡因有助於肝臟作用及血液循環，加快代謝並分解毒素，不過，胃不好的人就要稍微控制分量。

　　咖啡含有刺激胃的單寧酸成分，因此胃壁不健康的人就有可能會引發胃痛。喝完咖啡如果會覺得肚子痛的人，還是建議去接受胃部內視鏡檢查較為安心。不過，如果喝到放太久變質的研磨咖啡，也是會有肚子痛或頭痛的症狀發生。

此外，咖啡對孕婦來說，也是需要酌量攝取的飲料。咖啡中的咖啡因，會阻礙體內吸收鉀、鈣、磷等元素，喝過多咖啡的話，就會影響製造胎兒所需的養分。此外，放太久而變質的咖啡，或是烘焙過度的咖啡，也會對人體造成不良影響，請盡量避免。

### 為了愛喝咖啡的孕婦所設計的咖啡

如果是嗜喝咖啡的女性，在懷孕初期要減少咖啡的攝取，進入安定期之後，選用淺焙豆萃取的咖啡，並且一天只喝一杯較為適當。選擇低咖啡因的咖啡，或是改喝穀物茶、草本茶，也是不錯的方法。

# 5 世界各國咖啡的特色

## 義大利｜濃縮咖啡的強烈風味

在義大利說「要喝杯咖啡嗎？」，當然指的就是喝濃縮咖啡（espresso）。用義式咖啡機萃取出濃郁的義式咖啡，放入砂糖輕輕地攪一攪再喝，就是義式濃縮咖啡。義大利語中的 espresso，就有著「迅速的」、「快的事物」之意，到了咖啡店後，麻煩對方做快一點，而演變成了咖啡的名字。義大利人結束了午餐時間，到咖啡店或許點的就是「給我最快能做好的」吧？點完之後一分鐘

內就完成的濃縮咖啡，連椅子也不坐，直接放入一兩匙砂糖，輕輕攪一攪之後馬上一飲而盡。

相反的到了下午，結束了一天的工作之後，和家人享用豐盛的一餐，在悠閒地聊天當中，用來作為晚餐收尾的咖啡則是卡布奇諾。卡布奇諾是濃郁的濃縮咖啡再加上打入充分空氣、有細密泡沫牛奶的咖啡，還會在綿密的奶泡上加肉桂粉或巧克力粉，甚至有的會撒上金箔粉打造出高級咖啡的氛圍。

## 法國｜混合牛奶的咖啡歐蕾

我們常用的「法式濾壓壺」就是極具代表性的法式咖啡工具，「咖啡歐蕾」則是法式咖啡的代表。在法式濾壓壺中加入粗研磨的咖啡粉，再加入熱水浸泡。優點是使用起來相當方便，還能依個人喜好調整味道。不止咖啡，還能用來泡紅茶、草本茶等茶葉類飲品。咖啡歐蕾是混合了咖啡與牛奶的飲品，法式咖啡歐蕾是在滴濾式的咖啡中加入溫熱牛奶來喝。這裡的滴濾式咖啡並非手沖咖啡，而是用咖啡機所煮的咖啡。還有專用的咖啡歐蕾壺，握住腰部突出的把手使用，有型又獨特的設計，喝的時候還增添些許趣味。

## 巴西｜長時間烘焙產生的香濃咖啡

占全世界三十％咖啡產量的巴西，以生產優良品質的生豆而聞名。巴西的重烘焙（經長時間烘炒出濃郁風味）咖啡豆萃取出的香濃咖啡就是最普及的一種，只加入砂糖盛入小咖啡杯中（demitasse 或 espresso 杯）飲用。巴西生產的原豆幾乎都從桑托斯港（Santos）出口至各國，也因此巴西的咖啡也被稱為桑托斯咖啡。

## 衣索比亞｜宛如一場宗教儀式的品飲過程

衣索比亞是咖啡的原產地，以咖啡的故鄉感到自豪。在此啜飲一杯咖啡不只是品嘗味道而已，還可以想成是繼承了生活中根深蒂固的文化與傳統。像是舉行神聖的宗教儀式般，點燃香火，清洗生豆後，放入石鍋中烘炒，用木杵細細搗碎，透過這樣的過程，同時也傳承了文化與傳統。

## 哥倫比亞｜清新的酸苦和柔和的巧克力香甜味

繼巴西之後，咖啡第二大生產國哥倫比亞，全世界有十二％的咖啡在此栽培。哥倫比亞產的 Supremo 有「溫和咖啡的代名詞」之稱，特色是融合了柔和的酸味、苦味以及濃郁巧克力香氣般的甜味。哥倫比亞人最常喝的是一種叫「Tinto」的咖啡，先在熱水中加入黑糖融化，再放入咖啡粉攪拌後，靜置五分鐘等待咖啡粉沈澱，只飲用上層清澈的咖啡。

## 希臘 & 俄羅斯｜和甜點一起品嘗的咖啡

希臘是美麗的地中海國度，以「咖啡占卜」而聞名；喝完咖啡後將杯子倒扣，從剩下的咖啡流動的痕跡預測未來。咖啡的殘渣如果出現動物或字母的形狀，便依此來算命。希臘地區主要會將加了牛奶的咖啡和蛋糕、起司或派一起享用。

俄羅斯由於氣候寒冷的緣故，「俄羅斯咖啡」會將咖啡灑上可可粉並加入砂糖，隨著各地區不同的特色，會加入牛奶或鮮奶油，也會用果醬或酒來代替砂糖。俄羅斯人飲用高熱量香甜咖啡的時候，也會搭配麵包一起品嘗。

## 越南｜加入煉乳的濃郁香甜口感

越南主要生產義式濃縮咖啡品牌和即溶咖啡用的羅布斯塔品種，以大量生產咖啡的國家來說，喝咖啡的習慣還算普及，價格也很低廉。或許因為如此，越南咖啡的特色就是非常濃郁，所以不會直接喝咖啡，而是用煉乳取代奶精和砂糖，這種既濃又香甜的喝法，是非常普遍的享用方式。最近，廣受喜愛的阿拉比卡產量也持續增加，越南中部山區所生產的咖啡也獲得相當高的評價。

## 美國｜淡而清爽的美式咖啡

美國是咖啡最大的消費國，一七六七年通過了徵收茶稅的方案，民眾便改為享用咖啡作為替代品。大致來說偏好淡且清爽的口味，就成了我們口中的「美式咖啡」。過去為了呈現淡且清爽的風味，會使用淺烘焙（稍微烘炒的程度）的咖啡豆，不加砂糖或奶精，並大杯飲用。最近則是改用中烘焙的咖啡豆，同時增加水量，沖泡出稍淡口味的咖啡飲用。

*column 2*

# 不同國家的
# 咖啡生產與消費比率

　　咖啡是全世界農作物貿易量第一名的品項，第一名竟然不是人類的主食米、小麥或玉米，真的非常驚人。能如此神奇地佔據第一的位置，還有一項不為人知的原因，那就是咖啡的產地與消費地不同的緣故。咖啡大部分種植在中南美、亞洲、非洲等貧困的國家，消費則主要在美國、歐洲、日本、韓國等先進國家。更神奇的是大部份的消費國都無法栽種咖啡。夏威夷雖然也有種植咖啡，但夏威夷的生豆產量完全不足以供應美國需求；此外，夏威夷產的生豆反而出口到美國以外，像是日本等國家。或許有人會反問說：「聽說韓國也有種植咖啡樹？」雖然的確是有種植，但在韓國江原道、濟州島、京畿道一帶栽培的咖啡，並非用來生產生豆，而是作為參觀收入或是栽培樹苗販售之用。

## 咖啡第一大生產國：巴西

　　雖然說根據不同國家，生豆包裝的單位也會有所不同，但一般來說都會用六十公斤的袋子來包裝。二〇一三年世界咖啡產量，用六十公斤為基準來計算的話，就高達一億四四六一萬袋，其中最高產量的國家就是巴西。第一名的巴西是五五八二萬袋，第二名越南為二二〇〇萬袋，第三名印尼為一二七三萬袋，第四名哥倫比亞為九五〇萬袋，第五名衣索比亞為八一〇萬袋。

　　不少人對於越南的咖啡生產量竟是第二名而感到詫異，越南生產的品種大多為羅布斯塔，這種咖啡很少會以單一品種飲用，因此一般人較不易在咖啡館接觸到，大部份會送至工廠作為義式濃縮咖啡的配豆使用。二〇一三年的第三大生產國為印尼，之前這個順位通常都是哥倫比亞，但當時哥倫比亞咖啡樹遭受病害，正在進行改良，造成產量下降，同時印尼的產量增加，因而改變了排名。五大咖啡產國為巴西、越南、印尼、哥倫比亞及衣索比亞，稱這五國為咖啡之國一點也不為過。巴西的阿拉比卡咖啡豆，占全世界生產的一半，不僅價格低廉且品質理想；越南是即溶咖啡最常使用的羅布斯塔的最大生產國；印尼在眾多群島上生產多樣化的咖啡；哥倫比亞則有優良品質與高產量，能以低廉的價格喝到最高級的品種而聞名。

## 咖啡最大消費國：美國

　　那麼，咖啡最大的消費國在哪裡呢？根據國際咖啡組織ICO（International Coffee Organization）的統計，以進口量為基準，當

然就非美國莫屬。第一名美國生豆進口量為二六七九萬袋，第二名德國為二一七九萬袋，第三名義大利為八八一萬袋，第四名日本為八二八萬袋，第五名法國為六六〇萬袋，韓國則是一九四萬袋，位於第十四名。以 ICO 的統計數字作為基準，如果將這項統計不足的部分列入考慮，就會稍微出現變動。經由統計可以得知，咖啡高消費量的國家大多是先進國，事實上數一數二的經濟大國，咖啡的消費量也占據前一兩位的排名。

## 單人最高咖啡消費量：芬蘭

　　咖啡消費量最高的國家分別為美國、德國、義大利及日本，每人喝最多咖啡的國家又是哪裡呢？根據 ICO 於二〇一一年度的統計結果，單人最高消費量的國家為芬蘭，平均每人一年消費十二・九公斤的咖啡。以一杯咖啡需要八克的咖啡豆為基準的話，就等於是一六一二・五杯咖啡，因此就表示每個國民一天會喝四至五杯的咖啡。第二名為挪威，一人是九・五一公斤；第三名為丹麥的八・二一 kg；美國則是四・二四公斤；以咖啡聞名的義大利為五・六二公斤；韓國為二・一七公斤。

## 咖啡與經濟

咖啡在先進國家的消
費率較高，歐洲、美
國與日本的消費量就
占了將近總消費量的
50%。不過，從最近
中國與印度的咖啡消
費量持續成長的情形
來看，未來 10 年內
咖啡消費國的版圖很
有可能會有所改變。

認識咖啡豆

# 掌握咖啡的風味基調

　　最近會檢視原豆生產履歷的咖啡愛好者日漸增多，再加上因自家烘焙咖啡館的盛況，專為一般民眾開設的咖啡講座課程盛行，就可以知道大家對於咖啡的關注度有日益增加的趨勢。為了找到最適合自己口味的咖啡，先確定喜歡什麼樣的味道，隨著不同的產地又有什麼不同的風味，累積對咖啡豆的基本知識。針對咖啡所下的功夫，不只可以更親近咖啡，更是能讓你充分享用咖啡的第一步。

# 1 關於生豆

## 產地和加工，決定生豆的基本風味

我們最常見到的是已經烘焙完成，
等待研磨萃取的咖啡豆，但對「生豆」
這個名詞仍有些陌生。生豆就是指咖啡
豆還沒炒成深褐色之前的狀態。烘焙過
的咖啡豆雖然常見，但很少有人親自看
過咖啡樹果實中的種子，也就是生豆。或許就算看到了生豆，也未必
猜得出來這就是咖啡的原料吧。其實不是只有我們不知道，即使在咖
啡生產國，還是有運輸工人或海關人員以為只是一般的豆子。可能是
因為生豆又稱為 Green Bean，包含了 Bean（豆子）這個單字，才會有
這種誤解。

咖啡樹雖然能長到五至十公尺高，但為了便於收成或是改良品
種，會剪枝至一到二公尺左右栽種。咖啡樹開花之後，就會開始結出
紅色或黃色的果實，在酸甜的薄薄果肉（Pulp）中，有兩顆以堅硬的
外皮包覆的種子，以互相面對面的模樣貼在一起。堅硬的種子外皮，
也就是內果皮，又叫做 Parchment。以我們較熟悉的銀杏構造來聯想，
應該就比較容易理解。在 Parchment 外皮內，還有一層非常薄的銀皮
（Silver Skin），裡面就是生豆了。兩顆生豆相對平坦的那一面，中間

有長長一道，被稱做中央線（Center Cut）的凹陷處。

裡面大部分多為兩顆種子（平豆或母豆），只有一顆的稱為圓豆（或公豆，Peaberry），也有三顆的稱為 Triangular（三角豆）。咖啡樹的果實也和水果一樣有收成的時節，韓國是春、秋兩季，根據不同國家，大約會在四、五月間或是十一月收成。

## 十五～二十℃的赤道高原，能栽培出最好的生豆

就像用炙熱的火源才能適當地炒出好味道的咖啡豆一般，咖啡樹唯有長在長期日照、不會寒冷且整年度都保持溫暖的地區，才能栽種。以赤道為基準，北緯二十五度至南緯二十五度之間的地區，咖啡樹生長得最好。這個栽培咖啡的區域又叫做「咖啡帶」（Coffee Zone 或 Coffee Belt），平均溫度在五℃以上才適合栽種咖啡樹。偶爾有人會問我，韓國是否也可以種植咖啡樹？由於不符合以上的條件，因此無法栽種。不過，在溫室中的實驗研究或觀賞用的栽種就有可能。實際上，在濟州島、全羅道、江原道、京畿道的楊平等地，都有在溫室栽種的咖啡樹。咖啡樹喜歡的生長環境為十五至二十℃的氣溫，在這樣的溫度中，光合作用最強，容易結果實，而赤道地區的高原正是這樣的環境。

氣溫為十七至十八℃左右的適溫，日

夜溫差大且密度高，少病蟲害，咖啡因含量不高且有豐富的油脂，因此赤道地區的高原能生產出品質最好的生豆。

## 從火山土壤中孕育的香氣迷人咖啡

為了種出好的咖啡，就需要好的土壤。火山土有豐富養分，最具代表性的就是日緒土（Terra Rosa），水分容易排出，含有許多優質的養分，帶有火山土的香氣，最容易栽種出香氣迷人的咖啡。此外，咖啡樹的樹齡也是影響能否生產出好生豆的條件之一。生長得宜的咖

啡樹，大約從第三年就能開始收成，直到第二十年結束生命週期為止。三年的咖啡樹由於還太小，收穫量不多，樹齡七至十年的咖啡樹則可以結出較好的果實。

## 烘炒加熱後的化學變化

我們常常可以在咖啡專賣店和自家烘焙咖啡店的手沖飲品菜單上，看到「衣索比亞耶加雪夫」、「哥倫比亞 Supremo」等咖啡名稱，這就是產地和品種，意指產地的地名與生豆的名稱。生豆是咖啡樹果實的種子，在未經烘炒前，聞起來有青草、水果或蔬菜香氣，顏色為綠色或黃色，含有豐富的水分。

用手觸摸起來就像硬硬的豆子一般，這個狀態還不是研磨用的咖啡豆，完全沒有咖啡的香氣。將生豆加熱烘炒後，就是我們所期待的

## 香味口感，取決於烘焙中的化學變化

生豆加熱烘炒後，
就是我們熟知擁有迷人香氣的咖啡豆。
烘炒生豆時，其中的碳水化合物成分產生變化，
散發出焦糖般甜甜的香氣與味道。

那個有著迷人香氣的咖啡原料。當生豆中的水分幾乎完全蒸發,從裡面開始產生化學變化,才能呈現咖啡本身的迷人香氣。一旦生豆中的糖分產生變化時,就會散發出焦糖般甜甜的香氣與味道。外觀會轉變成有許多小孔的蜂巢構造,用手就能壓碎,方便進行研磨或萃取咖啡的成分。

## 不同的加工法,生豆的味道也會不同

稻米隨著不同的碾穀方式,煮出來的米飯味道也會跟著不同,咖啡也是如此。隨著不同的咖啡豆脫殼、乾燥方式,味道與香氣也會產生差異。

### 【日曬法】連果肉果皮一起曬乾,保留甘醇甜味

要將果實中的種子取出的話,需要一定的步驟,為了取得咖啡果實(Coffee Cherry)中種子,也需要加工的過程。最簡單的方式就是日曬法,讓生豆自然乾燥;在咖啡果實收成後,放在庭院(Patio,類似運動場寬闊的空間)裡均勻攤開並乾燥的方法。由於咖啡果實含有許多水分,放置太久的話,朝下的一側就會發霉或腐敗,因此要經常翻動。

日曬法處理生豆時,大約每隔二十分鐘就需要翻動。待日曬乾燥後,果實與種子都呈現乾燥皺縮的樣子後,再用脫穀機去皮。

日曬法處理

水洗法處理

以日曬法處理後的生豆，烘焙後中央線的褐色較明顯。

還有另一種乾式加工法稱為半日曬法，是指先去掉咖啡果實的外果皮和果肉，保留酸甜的果膠，再進行日曬乾燥的方法。和連同果肉一起乾燥的方式相比，半日曬法更容易乾燥，由於咖啡果實的糖度高，還能保留甜味，加上用水量少，可減少污染，是很不錯的方法。

### 【水洗法】發酵後，呈現清爽明亮的酸味

水洗法是將果實的果皮去除，以及種子上附著的果肉也一併去除後，泡入水中約十二小時使其發酵，再以強力的水流清洗後乾燥的方法。發酵的時候釋放

出的酸味，能加強咖啡清爽的風味，加上果實的糖度不會影響咖啡的風味，常用來作為高級咖啡豆的加工方式。缺點是，在去除果肉的過程以及處理時，會使用大量的水，可能會造成環境的污染，而水資源不足的地區也難以使用。

水洗法還有另一個改良後的處理方式，稱為半水洗法，省略了一般水洗法中的發酵過程，去除咖啡果實的果肉、直接清洗後就進入乾燥步驟。由於不用發酵，能節省時間與勞力，但缺點是也同時降低了酸味、果肉的甜味或天然的香氣。

以水洗法處理的生豆，由於糖分被沖洗掉，烘焙後的中間線是黃色。

## 不同加工方式，產生的風味變化

　　日曬法、半日曬法、水洗法和半水洗法中，以哪種方式處理過的咖啡生豆風味好呢？不同的生豆在處理的過程中，風味產生的偏差也大，此外，味道也會隨著不同的包裝產生差異。簡單來說，裝在同一個箱子裡的蘋果或橘子，裡面每顆水果各自的味道就不盡相同。不同的生豆，風味偏差也大，可能某一年的甜味較重、某一年的酸味較重、或某一年特別淡，甚至同一年生產的咖啡豆，味道的差異也會很大。因此，能維持咖啡一貫的味道，在發酵過程中增添清爽酸味的水洗法，算是比較高級的做法。當我們喝到品質好的咖啡時，產生清爽酸味的最大原因，就是在水洗法的處理過程中經過發酵、增添了酸味的緣故。這麼說來，日曬法就是不好的加工法嗎？當然不是，在農事順利的年度，日曬法處理後，生豆的天然香氣，更是難以形容的迷人。

　　整理四種生豆處理法對咖啡豆口感的影響，日曬法的豆子口味甘醇，甜味明顯；水洗法則因經過發酵過程，豆子有顯著的清爽酸味；半水洗法則是跳過發酵過程，用機器烘乾，產生酸甜平衡的風味；半日曬法則是因為先去除果肉再自然曬乾，避免日曬法連同果肉一起曬乾而發霉腐壞的風險，風味平衡，同時保留了日曬法的甘醇甜味優點。

日曬法

生豆　　烘焙後

水洗法

生豆　　烘焙後

# 2 認識咖啡豆

## 產地、品種、烘焙，是挑選咖啡豆的關鍵

咖啡豆是研磨咖啡的材料，是指咖啡樹的果實種子乾燥後，再經由烘焙，最後呈現出栗色或黑色的原料。根據不同的烘焙程度，豆子的味道也會有所差異。如果是有土黃色光澤的淡淡栗色咖啡豆，帶有酸味與香味，能感受生豆原本的味道。如果再稍加烘炒成深栗子色，帶有強烈的甜味，就是我們常享用的咖啡風味。不同的烘焙程度、生產地或品種等條件，就會有完全不同的味道，因此對於豆子的烘焙與品種，更要注意並仔細觀察。

## 挑選咖啡豆前，先了解自己喜歡的口味

偶爾會有人問我「該如何挑選好的咖啡豆」，不過，什麼叫做好的咖啡豆或是好喝的咖啡？就算我不斷研究並學習咖啡的種種知識，還是很難說出確切的答案，因為每個人對於「好喝」的定義相差太大。

在成為咖啡師沒多久，有一天，聽到一位點了美式咖啡的客人稱讚：「咖啡真的很好喝，這是我這輩子喝過最好喝的咖啡。」看了那位客人的咖啡杯，裡面一滴都不剩，完全喝光。沒多久，另一位客人也點了美式咖啡。

「再泡一杯最棒的咖啡吧～！」我抱著愉快的心情繼續萃取了下一杯美式咖啡。但是，第二位點了美式咖啡的客人，將嘴湊到咖啡旁又移開，就把杯子放下了，他的眼神像是在說「這真的是要給我喝的嗎？」，看了我一眼之後就直接走出店外。我受到很大的衝擊，不到三十分鐘內，一位客人是讚不絕口，另一位則是絕不會再多喝一口。同一天、一樣的咖啡豆、用一樣的方式萃取的咖啡，味道怎麼可能會不一樣？仔細推敲之後，我想應該是兩位客人的口味不同的緣故。所以，想要品嘗好喝的咖啡，就要先了解自己喜歡怎樣的味道。是酸味、甜味、還是苦味，喜歡口感柔順的咖啡，還是追求更加強烈的風味，了解之後，就更容易挑選出最符合自己口味的咖啡。

## 新鮮、外型和香氣，挑出優質咖啡豆

　　**新鮮**：咖啡豆在二十到二十五℃的常溫環境一個月左右，五十％的香氣就會消失；研磨過的咖啡豆只要過五分鐘，五十％的香氣就會消失。想品嘗最好的咖啡風味，要以咖啡豆的狀態保存，並在一週內

### 同一位咖啡師製作的咖啡，味道也會不一樣？

如果要準備考取咖啡師資格的話，最基本的練習就是用二十五秒完成一杯義式濃縮。因為不同的萃取時間，即使一樣的咖啡豆，味道也會改變。如果在十秒內完成萃取，味道就會不夠；但若要花將近一分鐘的話，萃取出來的咖啡味道會非常苦澀。但並不是所有的咖啡都要用二十五秒來萃取，如果是重烘焙的咖啡豆，時間要稍微短一點，相對的，淺烘焙的萃取時間就要抓長一點。

## 好喝的咖啡與新鮮度的關係

就像我們吃的所有食物都有保存期限一樣，咖啡豆
當然也有期限。因此在購買時，一定要確認烘焙的
日期。購入新鮮的咖啡豆後，要盡快享用，才能好
好品嘗到咖啡的風味。

喝完，這樣才能品嘗到最原始的咖啡香氣。因此，如果要挑選優質的咖啡豆，首先要先確認烘焙的時間。

**外型**：咖啡豆的表面要一致，和其他的穀物或水果一樣，渾圓飽滿且形狀一致的才是好豆，當然在眾多的品種中，也有品質好卻體積較小的咖啡豆。一般來說，大顆且體積一致的豆子，就有可能是好豆。此外，整體色澤均勻的豆子也較好。

**香氣**：直接聞聞看豆子的味道，新鮮的咖啡豆聞起來會有濃郁的香味及甜味等各種複合的強烈香氣。

## 保管咖啡豆，空氣和溫度是關鍵

不管是在家親自烘焙生豆，或是從咖啡專賣店直接購買處理過的咖啡豆，好好保管手邊的豆子，才能享用新鮮且香氣宜人的咖啡。

### 第一、放入咖啡豆專用袋保存。

將原豆放入貼有排氣閥（aroma valve）或單向排氣閥（one-way valve）的保存袋。排氣閥是一種圓形像鈕釦一般的透氣閥，保存袋材質使用金屬或紙張塗層，看不到內部的專用袋最為安全。專用袋附有夾鏈，取出豆子後，盡可能擠掉內部的空氣，再重新將夾鏈袋密封。

有排氣閥的咖啡豆保存專用袋

**第二、使用玻璃或金屬素材的密封容器。**

選擇看不到內部的密封容器，以有塗色或深色玻璃、金屬材質為佳，因為要隔絕外部的空氣，才能保留豆子的香氣。如果容器的尺寸遠大於咖啡豆的分量，即使是密封容器，但內部過多的氧氣還是會使豆子變質腐敗，因此要選擇適當大小的盛裝容器。

**第三、請將咖啡豆放置於陰涼處。**

咖啡豆於常溫下約可保存一個月，如果溫度降低至十℃左右，則能延長二至三倍的時間。室溫二十℃可以保存一個月的話，十℃則是兩個月。冰箱冷藏室的溫度約為四℃，若將放在冷藏室，就可以保存三至四個月。但建議是尚未開封過的豆子，如果開封後又沒有完全密封的話，放在冷藏室的豆子，就可能吸附冰箱裡其他食物的味道。

## 萃取工具不同，咖啡粉粗細也不同

咖啡粉的顆粒粗細對於咖啡的味道有何影響呢？即使是等量的咖啡粉，顆粒越細，和水接觸的面積就越大，因此越能把咖啡中的各種成分萃取出來。

不過，也是因為如此，水分排出的速度慢，咖啡中不好的味道也會一併被萃取出來。因此，細的咖啡粉就要用高溫、高壓的義式濃縮方式來萃取較為適當。顆粒較粗的咖啡粉和水接觸的面積相對地較少，水通過的時間快，就要用法式濾壓壺的浸出方式較為適當。

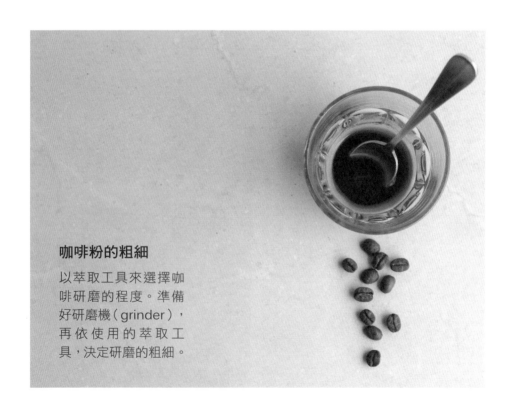

**咖啡粉的粗細**
以萃取工具來選擇咖啡研磨的程度。準備好研磨機（grinder），再依使用的萃取工具，決定研磨的粗細。

| 顆粒粗細 | 味道的特色 | 強調的味道 | 適用工具 |
|---|---|---|---|
| **粗** | 酸苦平衡 | 酸味 | 法式濾壓壺 |
| **中等** | 乾淨平順 | 酸味中帶點苦 | 手沖濾滴<br>冰滴咖啡壺<br>美式咖啡機 |
| **細** | 豐富有深度 | 酸味中帶點苦 | 摩卡壺<br>虹吸壺<br>義式咖啡機 |
| **極細** | 強烈濃郁 | 苦味 | 土耳其銅壺<br>義式咖啡機 |

# 3 認識咖啡的品種

## 世界三大咖啡品種

咖啡的品種以生物學來劃分的話，可以分為阿拉比卡（Arabica）、羅布斯塔（Robusta）和賴比瑞亞（Liberica）。世界上主要飲用的品種為阿拉比卡和羅布斯塔，賴比瑞亞由於產量不多或因品質不佳，而常被忽略。

一般來說，阿拉比卡主要用在單品或精品咖啡，羅布斯塔則用來做成即溶咖啡。雖然可以將阿拉比卡定義為高級咖啡，羅布斯塔為次級，但不一定非得如此分類，以自己喜好的味道來區別較為適當。從口味的取向來看，美國與日本較常飲用以阿拉比卡沖泡的淡咖啡，歐洲則是偏好混合阿拉比卡與羅布斯塔做成的義式濃縮。

## 阿拉比卡：風味和香氣一流的高級咖啡豆

阿拉比卡為原產地衣索比亞的代表性品種，在南非、非洲、亞洲國家等國家也有生產，占全世界咖啡產量的七十～七十五％。

阿拉比卡對於病蟲害的抵抗力弱，對土壤較為敏感，容易受氣溫影響，所以在恆溫的地區較容易生長。因此高地地區較適於栽培，尤其以一千五百公尺以上高地生產的阿拉比卡咖啡豆品質最好。

像這樣花費功夫產生的好品質，具有均衡的風味口感與香氣，才

能被認證為高級咖啡豆，主要用在單品咖啡或精品咖啡。知名的三大咖啡豆：夏威夷科納、牙買加藍山與葉門摩卡，就屬於阿拉比卡品種。

　　阿拉比卡生豆有著深色窄長的外觀，被譽為最高品質的高地產阿拉比卡品種，特色是有甜味、酸味與香氣等豐富的味道。

阿拉比卡的生豆外觀窄長，
烘焙後呈現出帶有甜味、酸味與香氣等豐富的味道。

## 羅布斯塔：酸味強烈，並有濃烈口感

　　羅布斯塔的原產地為非洲剛果，占有全世界咖啡產量的三十％。羅布斯塔（Robusta）一字有「堅韌」的意思，實際上，此種咖啡樹不止對病蟲害抵抗力強，在任何土壤都能生存，甚至野生的狀態也能生長。因為在高溫地區也能栽種，生長速度快且容易栽培，有著價格低廉的優勢，主要用來配豆或是做成即溶咖啡的主原料。印度、非洲、巴西等地生產的部分羅布斯塔有著強烈的酸味，咖啡因含量高，口感較濃郁。最近還有與味道與香氣更勝一籌、和阿拉比卡品種交配的阿拉布斯塔（Arabusta）品種。

　　羅布斯塔的外觀為鼓鼓的橢圓形，生豆帶有草綠色和黃色光澤的淺褐色或黃褐色。和阿拉比卡品種相比，味道更香且偏淡，有著酸味不明顯以及苦味較重的特色。

羅布斯塔生豆外觀橢圓，
烘焙後會有濃郁香氣。

## 阿拉比卡

**原產地** 衣索比亞
**生產國** 衣索比亞、巴西、哥倫比亞、哥斯大黎加
**生產量** 全球咖啡豆總量的 70 〜 80%
**溫度與濕度** 15 〜 24℃、60%
**高度** 海拔 600 〜 2000 公尺高地
**外觀** 窄長的橢圓形、青綠色
**特徵** 對氣候、土壤、疾病敏感
**咖啡因含量** 0.8 〜 1.4%
**香味** 豐富的香氣與高級的酸味
**適合的飲用法** 滴漏、義式濃縮

## 羅布斯塔

**原產地** 非洲剛果
**生產國** 越南、印尼、印度
**生產量** 全球咖啡豆總量的 30%
**溫度與濕度** 24 ～ 30℃、70 ～ 75%
**高度** 海拔 200 ～ 800m 低地
**外觀** 圓且長度較短的橢圓形
**特徵** 對疾病抵抗力強，容易栽種
**咖啡因含量** 1.7 ～ 4.0%
**香味** 濃郁香氣與強烈苦味
**適合的飲用法** 義式濃縮、即溶咖啡

# 4 十一種知名咖啡的風味特徵

## 牙買加藍山 Jamaica Blue Mountain

　　位於美國正下方、加勒比海上的島國牙買加，東部的藍山海拔一千一百公尺以上的地區所生產的咖啡品種。涼爽的氣候，霧氣繚繞，加上豐富的降雨量，透水性良好的土壤，具有最適合栽種咖啡的環境條件，才能生產出最頂級的咖啡豆。由於受到包含伊麗莎白女王在內的英國皇室喜愛，而有「皇室

咖啡」之稱。咖啡的強烈香氣中帶有隱隱的柔順感。融合了甜、苦、酸的香味，整體來說風味絕佳，是較受一般人喜好的咖啡。

## 夏威夷科納 Hawaiian Kona

　　夏威夷是美國唯一可以栽種咖啡的地區，由八個大島及其他小島所組成，「夏威夷科納」便是在其中最大的夏威夷島西部科納地區所栽種的品種。夏威夷科納是用人工的方式取出種子，再以水洗法加工製成。均衡的雨量加上透水度佳的火山土，以及適當的溫度，雖然是在較低的地勢上栽種，卻有著和高地生產的咖啡一樣的優良品質。

　　清澈的質地中帶有甜味及柑橘類的清爽酸味，以及紅酒般的香氣，是廣受喜愛的咖啡豆品種。不過，對於喜歡濃郁、豐富味道的人來說，或許會覺得稍微淡了一些。

　　最好的等級為「Kona Extra Fancy」，接下來則是「Kona Fancy」。

## 葉門摩卡馬他力 Yemen Mocha Mattari

　　全世界最早種植咖啡樹的葉門首都沙那（Sanaa），位於西部的巴尼馬塔爾（Bani Mattar）地區所生產的咖啡品種風味強烈，在世界三大咖啡中，價格較為低廉。

　　生豆的外型為小小的黃色圓形，以及不起眼的外觀。生豆的處理方式多為日曬法，烘焙後的顏色較不均勻。但不同於外觀，其風味有豐富的黑巧克力香氣與苦味，完美融合了清爽的水果香，特別是縈繞在嘴裡的絕佳口感，也因畫家梵谷愛喝而聞名。

## 哥倫比亞 Colombia Supremo

　　哥倫比亞的咖啡產量雖然占了全世界二十％，但生產的生豆大部分都為最高品質，而有「溫和咖啡的代名詞」之稱。再加上鄰近咖啡最大消費國──美國，紐約期貨交易所就稱哥倫比亞咖啡為「Colombian Mild」，給予極高的評價。以安地斯山脈為中心產出的優

良等級品種，Screen（計算生豆大小的等級）十七以上的稱為頂級（Supremo），以下的則是優秀（Excelso）。生豆為深綠色，不同時間收成的生豆，味道也會有所差異。雖是高級咖啡但價格低廉，融合了甜味與清爽的味道，很適合推薦給剛認識咖啡的入門者。

## 巴西桑托斯 Brasil Santos

　　占有世界咖啡一定產量的巴西咖啡豆，品種為適合大眾享用的溫和風味，價格也較為低廉。由於多從桑托斯港出口，巴西咖啡便以此來命名，港口附近也有不少咖啡倉庫。生豆帶有黃色光澤，瑕疵豆（品質不好的豆子）較多。無可挑剔的強烈甜味及香氣，是大眾接受度高的品種，配豆時常作為基底豆使用。不過由於是以日曬法加工，偶爾會有霉味產生。

## 肯亞 AA  Kenya AA

於維多利亞湖、肯亞山週邊栽種的品種，名字中的「AA」則是表示咖啡的等級。第一次世界大戰後開始正式生產，味道則是 Excellent 等級。生豆長度較短，兩邊稍圓，味道清澈，酸味強烈且口感均衡是其特色。

## 衣索比亞耶加雪夫 Ethiopia Yirgacheffe

衣索比亞不僅產咖啡豆，對於咖啡的消費也不少，水洗法的耶加雪夫常用來做成精品咖啡。高品質天然的耶加雪夫有類似水蜜桃的香氣，柔和的風味很受亞洲女性喜愛。淺焙的方式能品嘗到更多樣的香味，但酸味強，不喜歡酸味的人多會覺得反感。不過，經過適當烘焙的耶加雪夫，以其能吸引大多數女性的風味，有「咖啡女王」、「咖啡貴夫人」之稱。生豆外觀窄長，並以帶有紅酒香、花香和地瓜香氣而聞名。

## 坦尚尼亞 AA Tanzania AA

坦尚尼亞為非洲代表性的生豆，依咖啡的大小與重量來分等級，因此能保證其安定的品質。生豆為青綠色，整體風味平衡，酸味不強是其特色。

## 哥斯大黎加塔拉珠 Costa Rica Tarrazu

在有著優秀氣候條件的活火山熱帶雨林地區生產的品種，水分含量高。塔拉珠的香氣豐富，厚重濃烈中帶點微酸。獨特的風味就像在喝紅酒或果汁一般，是咖啡愛好者的首選。特色是融合了酸味、香味與紅酒香。

### 又稱為神之咖啡的藝伎咖啡（Geisha）

二〇〇四年首度出場的藝伎咖啡（Geisha），因為有獨特的花香，喝的時候有著如同果汁一般的酸甜風味，在咖啡界有著超高的人氣，被稱為「神的咖啡」。Geisha 是衣索比亞一處森林的名稱，發音同日文的藝伎（げいしゃ），也是藝伎咖啡樹最早被發現的地方。生豆價格依據收成批次和處理方式而不同，烘焙後的咖啡豆價格也不一，半磅（二百二十五公克）咖啡豆價格可要價三千元以上。

## 瓜地馬拉安提瓜 Guatemala Antigua

有著如同煙燻般的香氣，是此類咖啡的代名詞。在地勢高的安提瓜地區所生產的生豆，特色是清澈的酸味與清新的口感。

## 印尼曼特寧 Indonesia Mandheling

世界最貴的咖啡豆——麝香貓咖啡的產地，就在印尼，為亞洲的島嶼國家，由超過一萬個島嶼所組成。曼特寧品種的咖啡含在口中，有著如絲絨或奶油一般柔順感。溫和中帶有迷人滋味，並能感受到複合的香氣。

**與麝香貓咖啡類似的松鼠屎咖啡**

Con Soc Coffee 又叫做松鼠屎咖啡，為越南的特產，將高地栽種收成的咖啡果實餵給松鼠吃，再從松鼠的排泄物中挑出無法消化的種子所製成。這樣的咖啡特色是有著可可香氣，在越南非常珍貴。和麝香貓咖啡相比，較容易購得且價格便宜。如果對於這種從動物的排泄物中所採集的咖啡感到好奇的話，可以嘗試看看。

## 麝香貓咖啡

如果提到世界上「最貴的咖啡」，一定會想到印尼最具代表性的麝香貓咖啡（Kopi Luwak）。由於非常昂貴且稀少，想購買並不容易，因為這樣的名氣，也常常在電影中出現。

「Luwak」是指棲息在印尼的麝香貓，原本在咖啡收成的季節，會爬到咖啡樹上尋找成熟的咖啡果實來吃，無法消化的果實種子再隨著糞便排出。白天時躲在山裡的麝香貓，晚上才會出來摘咖啡果實吃，等到天一亮排泄過後，再重新回到自己的窩。每天早晨去收集，幾乎都可以得到一定分量的麝香貓咖啡豆。麝香貓和麝香鹿一樣，身體能分泌麝香成分，這種成分讓咖啡的味道和性質改變。麝香貓咖啡生豆經過淺焙並發酵後會有酸味，深焙再萃取得濃一點的話，則會從好喝的苦味再轉為柔順的甜味。特色是經過長時間，依然有著類似焦糖或巧克力的迷人香氣。

目前一磅（約四百五十克）的麝香貓咖啡豆，價格可上看六百美元，折合台幣約一萬八千元左右，像這樣價格幾乎可以說是天價了，或許因為如此，最近有越來越多人以養殖的方式來取得麝香貓咖啡。但要抓到大的麝香貓並不容易，即使很快捕獲到了麝香貓，但因其生性兇猛，由於抵擋不住的天性沒多久就會死亡。便有人改抓幼貓，餵其咖啡果實來飼養。再怎麼說，由於飼養的麝香貓受到人為的壓力，咖啡的風味反而會減低。此外，飼養的麝香貓吃不同的咖啡豆，也會產生各種不同種類的麝香貓咖啡。

因為高價的緣故，也有不少假貨。印尼的咖啡專家表示，儘管是國家認證的產品，還是很難保證就是真的麝香貓咖啡。最近，還出現了價格較為低廉的麝香貓咖啡豆與其他品種咖啡豆的配豆。

*column 3*

# 獨家綜合豆的
# 美味配方

即使是同一個國家生產的米，會因不同的區域，而呈現不同的味道與品質。世界各國生產的咖啡，其味道和香氣也會因為不同的地區而有差異。混合不同的味道、香氣以及各個生產地不同個性的咖啡，創造出新的味道與風格，就是配豆。一般來說，配豆會以一個重點來調和味道、香氣和口感。從甜味、苦味或酸味的咖啡中，挑出偏愛的味道，再依一定比例混合；咖啡風味則包含了飲用前嗅到的香氣、含在口裡的香氣、喝完之後從喉嚨回升的香氣，挑出偏愛的香氣，使口感豐富，卻仍集中在一個焦點上。

經過配豆，就能強調咖啡的味道與香氣，遇見符合自己喜好的「專屬咖啡」。首先，在配豆之前，要先知道世界不同品種的咖啡各有怎樣的風味，豆子則是依產地分別有不同的特色。

　　中南美洲有著溫和的味道與均衡的香氣；非洲在清爽中帶著迷人花香；再認識了亞洲的醇厚感之後，就能搭出很棒的配豆，或是也可以從不同洲別各挑出一支來混合。混合兩到三個品種來搭配，再取一個專屬名稱，無論自己享用或當成禮物都很不錯。

　　在配豆方式中，最具代表性的就是「先烘再配」與「先配再烘」。配豆也會隨著不同的原豆烘焙方式而不同，都各有不同的優缺點，雖然很難說哪種方式比較好，但在味道上是「先烘再配」，在管理上則以「先配再烘」較佳。

## 配豆的方法

搭配咖啡豆時，最重要的就是要選擇符合自己口味的生豆。喜歡酸味的人，可以選擇衣索比亞耶加雪夫或肯亞 AA；若想強調坦尚尼亞適中的風味與濃郁口感，搭配羅布斯塔混合即可。

## 先分別烘培，再混合配豆

　　將各品種的生豆分別烘焙後，再依咖啡飲品和口味，以一定的比例混合。將各自烘焙好的豆子標明，依照固定的比例，以手工少量混合；也可以使用有攪拌機功能的配豆機器，一次大量混合出一批綜合豆。優點是能依最適合各品種的方式來烘焙，能預期咖啡呈現最佳風味。缺點是分別烘焙時，為了維持風味，就需要嚴格的品質管理。

## 在烘焙前，先混合配好的生豆

　　將各品種的生豆混合、再烘焙。烘炒時，由於不同品種的香氣混合在一起，會降低各別的香味特性，並強調整體的香氣。將生豆一次烘焙的優點是步驟簡單且容易，缺點是無法保留生豆各自原有的特色。

## 第一次就成功的綜合豆比例祕訣

　　綜合豆的配方沒有一定，雖然只要依個人口味混合咖啡豆或生豆即可，但要先掌握不同種類豆子的香味特色，才能配出美味的綜合豆。一般來說，綜合豆主要是混合二到五個品種，但初學者的話，先混合三種以下較容易成功，並將想要強調味道的生豆（或咖啡豆），增加至三十％以上較佳。

　　代表性的配豆方法：❶喜歡清爽的酸味的話，可以混合哥倫比亞Excelso、墨西哥、巴西桑托斯和葉門摩卡；❷想要甜味多一點的話，將巴西桑托斯、哥倫比亞Excelso和印尼爪哇混合即可。

# 5 讓咖啡美味加分的副原料

## 水質

　　即使豆子本身能左右一杯咖啡的風味，但是「水」占了咖啡九十八～九十九％，更不能忽視水質對咖啡風味的影響力。水可以粗分為硬水與軟水，硬水是含有鈣、鎂、鐵、錳等礦物質的生水；軟水則是礦物質成分較少的水。用含有許多礦物質的硬水來萃取咖啡的話，其中的鎂會破壞咖啡的香氣與味道，鐵和錳則會影響咖啡的顏色與氣味，還會使咖啡因或單寧無法被完全萃取出來，讓咖啡味道變差。使用軟水來萃取咖啡，優點是能加強其中的甜味，一般的自來水雖然是軟水，但因為含氯、可能會有不好的味道，先將水煮過可使氯蒸發，但不另外處理直接使用也無妨。如果要用冰滴咖啡壺的話，建議先將自來水裝好、放置一天左右再使用。

## 砂糖與糖漿

　　初期的咖啡是不加砂糖或糖漿、直接飲用的，後來為了讓更多人接受咖啡的口味，才開始加入砂糖。砂糖是從甜菜或甘蔗等精製而成，

根據不同的精製方式會有不同的形態，從精製的過程中又可分為白砂糖、黑砂糖等，也有將白砂糖壓縮成四方形的方糖。

砂糖有增添咖啡風味的作用，因此，搭配適合的砂糖種類與特性，才能享用到更美味的咖啡。白砂糖無雜味，黑砂糖或黃砂糖則能平衡酸味，使咖啡味道更順口好喝。所以，帶有花香與口感溫和的藍山或耶加雪夫等咖啡豆，就適合糖分純度高的白砂糖；巴西桑托斯或義式濃縮則適合搭配黃砂糖或黑砂糖。也可以將砂糖加水一起煮成糖漿來使用，也有增加香草或焦糖香氣的香草糖漿與焦糖糖漿。

## 牛奶

　　早上喝咖啡時，咖啡的酸味和苦味雖然有助於趕走睡意，但酸味也有可能會讓人感到不舒服。這時加入牛奶，可以減少酸味並品嘗到溫和的香味。牛奶雖然可以直接加入，但如果加熱至溫熱或打成綿密奶泡後、再加入咖啡中，就能讓甜味更升一級。而使用低脂牛奶的話，香味就會減低。做拉花時，使用含有三・五％乳脂的全脂牛奶較佳（三合一即溶咖啡中則是用奶精來代替牛奶）。

## 鮮奶油

香濃滑順又帶有甜味的鮮奶油，有從牛奶中提煉出來的動物性鮮奶油，以及將類似椰子油的植物性脂肪固體化的植物性鮮奶油。動物性鮮奶油的口感較為滑順，但保存期限短；植物性鮮奶油的口感較差，但保存期限長，使用起來較方便。由於鮮奶油的含脂量高，最近有不少店家要客人特別指定才會添加。

## 肉桂粉

咖啡飲品也會添加香料，其中又以肉桂粉最具代表性，主要會撒在卡布奇諾的奶泡或維也納咖啡的打發鮮奶油上來喝。

## 巧克力醬

將可可樹的果實萃取並發酵做成的可可，加入奶油、砂糖、乳製品等製成的巧克力醬，也常用在咖啡館的經典咖啡飲品上。例如以巧克力醬、咖啡與牛奶混合做成的咖啡摩卡，或是摩卡星冰樂。

# 6 決定咖啡味道的烘焙

## 什麼是烘焙？

　　生豆經過烘焙後，才會有咖啡的味道與香氣，這個過程也叫做焙煎。生豆加熱後，組織會變膨脹並產生化學變化，進而產生味道與香氣。生豆的種類或分量即使一樣，也會因烘焙的時間、溫度、天氣的不同，使得咖啡豆出現各種變化，因此這個過程格外重要。烘焙是將生豆以二百℃上下的溫度烘炒十至二十分鐘，使其中的水分與二氧化碳排出，烘焙的程度可依咖啡豆烘焙完後的顏色來區分。

## 咖啡烘焙機的構造

　　使用咖啡烘焙機前，請先了解各個構造的功能與使用方法。不同的製造商雖然設計不同，但內部構造相差不遠。烘焙機由位在中間盛裝生豆烘炒的滾筒，底部加熱的加熱器，以及均勻傳達熱氣的攪拌器所構成。大容量的烘焙機還會另外有調節氧氣量的風門，以及烘焙後冷卻咖啡豆的冷卻器。整體來說就是由加熱器、攪拌器、空氣調節器、冷卻器共四大部份所組合而成。

儲豆槽（hopper）

風門（damper）

滾筒

熱風溫度

滾筒溫度

時間顯示

電源與計時器

瓦斯壓力計

瓦斯調整鈕

下方風門控制器

銀皮收集槽

儲豆槽擋板

取樣匙（sampler）

下豆操縱桿

冷卻器

## 儲豆槽（hopper）

盛裝要放入機器烘焙的生豆。

## 滾筒

透過儲豆槽將生豆放入滾筒，轉動時就能使生豆烘炒均勻。

## 取樣匙（sampler）

在烘焙時，用來取出幾顆滾筒內逐漸產生變化的咖啡豆來確認，或是從觀豆視窗也可以觀察生豆顏色的變化。

## 溫度計

以烘豆機的溫度計用來檢測滾筒內的溫度。

## 集塵桶（cyclone）

烘焙生豆時，用來收集附著在生豆上的銀皮或灰塵的裝置。透過風管吹出的空氣，能使銀皮或灰塵掉落並堆積起來。

## 風門（空氣調節器）

烘炒生豆時，能調節內部的空氣流動，並調整香氣與氧化程度的裝置。由於這個裝置對香味的影響很大，需要精細的製造技術。

## 瓦斯壓力計

可以細微地調節火力，壓力越大火力就越強。

## 下豆操縱桿

烘焙完成後，要將滾筒內的熟豆取出時，拉一下操縱桿即可打開蓋子。

## 冷卻器

當烘焙結束，將熟豆從滾筒中取出後，由於其本身的溫度會使豆子繼續進行加熱，就需要冷卻。此時，使用冷卻器下方的冷卻盤就有吸熱的功能。

## 生豆經過烘焙的變化

透過烘焙，會使生豆產生顏色、香氣和味道的變化，不只如此，大小、重量和硬度也會改變。

仔細觀察生豆的變化，整理如下：加熱生豆使水分蒸發 → 溫度上升使生豆本身的糖分產生褐變，轉為褐色 → 漸漸變成越來越深的褐色 → 產生香味或是巧克力、焦糖等香氣。

經過以上幾個階段後，原本的生豆顏色就會變得更深並產生濃烈的煙薰味。

## 生豆烘焙過程中的爆裂聲

在烘焙生豆的過程中，最具代表性的現象就是爆裂（Crack）的階段。爆裂是指生豆的水分幾乎完全蒸發時所發生的現象，開始發出劈里啪啦的乾炸聲音，又叫做 Popping。當生豆內的構造變成蜂巢狀時，就是所謂的第二爆。第一爆是生豆中的水分往外釋放的聲音，第一爆結束後，就會出現第二爆，在這個階段，生豆內的二氧化碳開始膨脹。我們喝的咖啡主要是經過第二爆的豆子，根據不同的情況，也有在第二爆前就結束烘焙的豆子。

一般來說，未經第二爆的咖啡豆較生，且酸味重；經第二爆之後，生豆的水分幾乎完全蒸發，因為熱度使溫度急速上昇，烘焙時只要稍不注意，很快就會燒焦。開始出現第二爆時，咖啡豆表面上會產生油脂，就像連鎖咖啡店使用的豆子一樣，附著了潤澤光亮的油脂。

# 〈烘焙過程〉

❶ 混合生豆並挑出瑕疵豆與雜質。正常的生豆如果混合到瑕疵豆的話,不僅香味變差,品質也會下降。

❷ 瑕疵豆的外觀。

❸ 打開烘焙機的開關並點火。

❹ 調整瓦斯壓力計設定火力。

❺ 將生豆放入儲豆槽。

❻ 將滾筒加熱,達到烘焙適當的溫度時,打開儲豆槽擋板放入生豆。

❼ 將風門稍微關閉,當開始進行爆裂時,再慢慢打開。

❽ 生豆放入滾筒時,溫度會先急速下降再開始上升。

❾ 當滾筒溫度到達一四〇℃時，生豆的顏色會逐漸變黃，在第一爆的階段開始
　發出爆裂聲，從這時開始，溫度會快速上昇，要減低火力並開啟風門。

❿ 持續進行烘焙，很快就進入第二爆的階段。打開風門使空氣流通順暢，才能
　做出香氣十足的咖啡。假設烘焙進行的速度變快的話，調整瓦斯壓力計，將
　火力設定得小一點。

⓫ 烘焙至想要的程度時，打開取樣匙的開關，確定烘焙的程度後，接著關火。

⓬ 烘焙結束後，立刻拉下下豆操縱桿，打開出豆口、取出豆子。

⓭ 快速開啟冷卻機，在冷卻桶裡充分冷卻。

⓮ 炒過的咖啡豆要盡快冷卻，避免因豆子內部的溫度而燒焦。

⓯ 烘培結束後，取出的咖啡豆。

⓰ 清除集塵桶裡堆積的銀皮與灰塵。

## 烘焙深淺的八個階段

　　即使沒有自己烘焙生豆，若能了解咖啡豆在不同階段烘焙的特徵，就能掌握偏好的咖啡口味是屬於哪個階段，更容易找到符合自己口味的咖啡。

　　以下是日本所使用的烘焙度八階段，常說的淺焙、中焙和深焙並不算精確的區分，請仔細了解咖啡豆烘培深淺的不同階段後，再進行烘焙。

| 階段 | 咖啡豆的顏色 |
|---|---|

### 第一階段 淺烘焙 Light Roast

以最弱的烘焙將咖啡豆炒成黃色或褐色，富有酸味，能品嘗到咖啡特有的風味與苦味。

### 第二階段 肉桂烘焙 Cinnamon Roast

弱焙煎，以弱烘焙方式將豆子炒成淡褐色，並有強烈的酸味。較少用來飲用，而是作為測試用。

### 第三階段 中度烘焙 Medium Roast

中焙煎，為水分蒸發開始進入烘焙的階段，豆子為栗色，能品嘗到柔和的酸味。

### 第四階段 中度微深烘焙 High Roast

較強的中焙煎，以中等的烘焙程度將豆子炒成深褐色，酸味變淡且開始出現甜味，能感受融合酸與苦的風味。

### 第五階段 城市烘焙 City Roast

較弱的強焙煎，豆子為巧克力色，清爽的酸味消失、香味加重。不會出錯的味道與平衡度，是受多數人喜愛的階段。

### 第六階段 深城市烘焙 Full City Roast

中度的強焙煎，能感受到柔順的苦味、清新的風味以及豐富的口感。幾乎沒有酸味，並帶有豐富的香氣。

### 第七階段 法式烘焙 French Roast

強焙煎，豆子為深巧克力色，並開始產生油脂的階段。酸味降低並能品嘗到些許的焦香味。柔順的苦味之後是香甜的後味，適合加入牛奶做成咖啡拿鐵之類的飲品。

### 第八階段 義式烘焙 Italian Roast

較強的強焙煎，常用來做義式濃縮，咖啡豆表面色澤深且富有光澤，帶有濃厚的苦味與強烈的煙燻香氣。

# 自家烘焙

　　烘焙咖啡豆對於有專門機器的工廠或自家烘焙咖啡館來說較為容易，但一般人在家裡也絕對可以烘焙咖啡豆。可以使用小型的家用咖啡烘焙機，購買篩網或陶瓷烘焙壺，如果沒有專業工具的話，也可以用平底鍋或砂鍋。

　　自家烘焙最大的優點是能烘出符合自己喜歡的咖啡豆風味，享用獨家專屬的豆子所沖泡的咖啡。如果過去都是用市售綜合豆、單品豆的話，不妨購買生豆，嘗試挑戰看看自家烘焙，是能發現新的咖啡口味的絕佳機會。

## 製作專屬咖啡的自家烘焙

想要自家烘焙的話,可以利用篩網、平底鍋、砂鍋、陶瓷壺等各式各樣的工具。使用篩網的話,由於是以直火烘烤,比起平底鍋或砂鍋,會產生較多的銀皮,但可以用肉眼確認顏色並調節火勢,是在家烘焙最簡便的方法。

## 使用篩網和卡式爐來烘焙

細網目的篩網，例如煮麵時使用的篩網，就很適合用來烘焙咖啡豆，價格便宜，取得容易，是踏入透過自家烘焙品飲咖啡的入門。

❶ 將生豆放在篩網上。一次將三天要飲用的分量，約五十公克的生豆一次炒完，就可以省去天天都要炒豆的麻煩。生豆的分量若太少，很難炒出一致的品質，分量太多的話，烘炒起來也很費力。

❷ 開啟瓦斯爐或電熱板，火力太大的話，生豆很容易燒焦，因此一開始要用小火，將篩網高舉並輕輕地搖晃。

❸ 將篩網以畫圓的方式輕輕晃動，使生豆上下均勻混合。如果炒的過程中有原豆掉出，不要撿起來。

❹ 一開始的烘培階段，一邊晃動、水分就會一邊蒸發，銀皮開始脫落，顏色也漸漸轉黃。

❺ 一旦豆子變成褐色時，將火力調整為中火。這時豆子一邊變成褐色一邊發出爆裂聲，就是第一爆開始了，豆子中的組織像炸過一樣，此時，要使整體都均勻受熱。第一爆結束後，將火稍微轉小，使生豆裡外烘炒均勻，這時的酸味強，用來作為杯測使用。第一爆之後，爆裂聲會暫時停止，然後又再發出與第一爆不同的聲音，這個便稱為第二爆。開始第二爆之後，就是我們所喝的城市烘焙階段，也就是較弱的強焙煎。在這個階段後，若已經到達自己想要的味道，就可以停止烘焙。

❻ 第二爆之後，會開始產生煙。隨著聲音漸漸變大，到達第二爆的頂點。此時酸味大幅減少，成為甜味、香味、苦味適中的狀態。

❼ 過了第二爆的頂點，聲音漸漸變少，開始大量冒出煙氣。這個階段就是連鎖店所使用的深城市烘焙。顏色開始變深，表面附著了潤澤的油脂，顏色還帶點栗子色，並持續發出爆裂的聲音，是帶有強烈甜味與苦澀的濃咖啡。

❽ 烘焙完成後，關火，並利用電風扇等工具快速冷卻原豆。

❾ 挑出燒焦的豆子，將烘焙完畢的咖啡豆裝入密封容器保存。

萃取實作

# 不同的萃取工具，味道也會不同

　　咖啡萃取的方式大致上可分為手沖、法式濾壓壺、義式濃縮等。若將手沖歸類為手動的話，咖啡機就算是電動了。法式濾壓壺是將研磨後的咖啡粉放入圓筒狀的容器，倒入熱水、再壓下金屬濾網，以浸泡的方式萃取咖啡。義式濃縮是使用專門的機器，將熱水以高壓通過研磨得很細的咖啡粉，短時間內萃取出濃郁咖啡。此外還有虹吸、冰滴等各種萃取咖啡的方法。將不同風味特色的咖啡，使用合適的萃取工具，就能天天享用到不同的咖啡風味。

　　即使是相同的咖啡豆，也會因為選用的萃取工具不同，而有不同的味道，因此一定要事先了解基本的萃取技法。一旦熟悉了工具之後，就能將手邊的咖啡豆和工具做出適當搭配，品飲出更多元的風味。

# 1 手沖

## 不同濾杯帶來的多變樂趣

　　手沖是享用咖啡時最常使用的方式，只要有簡單的工具、知道基本技法，就能輕鬆沖泡出符合自己口味的咖啡。使用不同的濾杯，咖啡的味道和香氣也會有所不同，這樣多變的樂趣，只要熟悉了基本的萃取法之後，馬上就會陷入手沖咖啡的世界。這種用濾紙盛裝咖啡粉，再以水壺注水的方式，稱為沖煮（Manual Brewing）或是濾滴（Pour Over）。

　　至於我們常說的手沖（Hand Drip），則是日本將沖煮（Manual Brewing）咖啡時，用手沖壺精細地調整注水速度、水柱粗細來萃取咖啡。手沖是指用法蘭絨濾布過濾法，或使用 Melitta、Kalita 濾杯時的濾紙過濾法。

---

**手沖的萃取方法**

❶ 法蘭絨濾布過濾萃取。

❷ 濾紙過濾萃取（使用 Melitta 濾杯、Kalita 濾杯、Kono 濾杯、Hario 濾杯、Clever 聰明濾杯、Chemex 咖啡濾壺等）。

---

## 萃取原理

　　手沖是指將濾紙裝入漏斗狀的濾杯後，倒入研磨後的咖啡粉，或將咖啡粉直接倒入法蘭絨濾布中，再用手沖壺將水慢慢、仔細的注水以萃取咖啡的方式。

## 咖啡味道的特色

　　水量、溫度、注水的大小、時間等因素都會影響咖啡的味道。和依賴機器萃取的義式濃縮咖啡不同，可以任意篩選萃取出咖啡的成分，也可以調整濃度，沖泡出符合個人喜好的咖啡。

### 手沖 vs. 義式濃縮

| 萃取法 | 手沖 | 義式濃縮 |
| --- | --- | --- |
| 味道 | 溫和且單純的味道 | 濃郁且豐富的味道 |
| 原豆 | 大多為單一豆 | 配豆 |
| 活用飲品 | 有限 | 能製作多樣飲品 |
| 工具 | 價格低廉 | 高價的專用機器 |
| 特徵 | 能依個人喜好調整味道 | 機器的功能會影響咖啡味道 |
| 萃取時間 | 1 分鐘以上 | 30 秒以內 |

### 展現技法手藝的手沖咖啡

手沖咖啡會因為沖泡咖啡的人、
濾杯的種類、咖啡豆的種類和新鮮度、
水量和溫度,甚至當天的天氣等,
一點小小的差異都會影響咖啡的味道。
就像一碗料理一般,
能夠仔細感受到人的手藝,
就是手沖咖啡的魅力。

## 萃取出一杯美味的滴漏式咖啡

　　萃取滴漏式咖啡時，咖啡粉的分量、研磨的顆粒粗細、萃取時間、水溫等影響咖啡味道和香氣的因素，都要做適當的組合。所謂美味的咖啡是很主觀的，依照個人的喜好，可以是淡的，也可以很濃郁。不過，美味咖啡的共同點，就是好喝、有優雅爽口的酸與苦味、不混濁、沒有令人不舒服的後味。只要仔細顧及這些部分，一定就能萃取出美味的咖啡。

### 適量的咖啡粉

　　一般來說，以一杯咖啡為基準，是將十克的咖啡粉用一百五十毫升的水萃取（也可以嘗試不同的水量）。想要濃一點的話，增加咖啡粉或減少水量即可。雖然粉量可依自己喜好增減，但若量太少會增加萃取的難度。

### 調整研磨顆粒的粗細

　　研磨過的咖啡粉顆粒越細，則越能附著在濾紙上，因此使萃取的速度變慢，就會沖煮出既濃又酸的咖啡。相反的，顆粒越粗，萃取的速度就越快，無法完全萃取出咖啡的成分，味道就會變淡。

### 適當的水溫

　　水溫越高時，咖啡粉內的成分就越快被萃取出來，水溫越低、萃取時間就會拉長，因此要根據不同的溫度來調整適當的時間。一般手沖時，主要使用九十℃的熱水，如果以較低的溫度來萃取時，就要稍微將時間拉長。水溫高的話，咖啡的味道會變重；水溫低的話，萃取出較少可溶性的成分，咖啡的味道就會較淡。

### 調整萃取時間

　　萃取的時間越長，會萃取出越多的咖啡成分，就會是濃郁並帶強烈酸味的咖啡。相反地，萃取時間短的話，香味就會變淡。請記得一旦萃取的時間變長，在厚重的口感中，好的味道也可能會消失。

### 符合口味的濾杯

　　選擇能萃取出符合自己口味的工具。想要享用柔和風味的話，就用 Kalita 濾杯；想要濃郁風味的話，就用 Kono 濾杯或法蘭絨濾布來萃取。

### 選擇咖啡杯

　　喝風味柔和的咖啡時，使用杯口較寬的杯子或杯緣較薄的杯子，喝下滿滿一口咖啡，就能充分感受到溫和的味道。相反地，喝濃郁或強烈風味的咖啡時，請挑選杯緣較厚的杯子。不會一口喝下太多，就能無負擔地享用咖啡。

## 手沖咖啡時，該準備的基本工具

在家要喝手沖咖啡的話，需要磨豆機、濾杯、濾紙、手沖壺、咖啡壺等工具。手沖咖啡的工具可在咖啡用品專賣店、自家烘焙咖啡店、咖啡豆專賣店購得，現在因手沖咖啡的熱潮，許多大型連鎖咖啡店也能買得到手沖咖啡的工具。

### 磨豆機

將咖啡豆磨成粉末的工具，請選購能調整研磨顆粒粗細的種類，才能根據自己的喜好的口味或不同的萃取工具、調整適當的粗細。可分為手動和電動式。

### 手沖壺

將熱水注入咖啡粉時專用的水壺，不同於一般的水壺和茶壺，能穩穩地握住把手，出水口窄且長，能輕鬆調節注水量。容量從○‧六至一‧三公升皆有，材質則以銅、琺瑯、不鏽鋼較常使用。價格會隨材質、容量和設計等而有較大的差異。

### 濾杯

濾紙須裝入濾杯後，放入研磨好的咖啡粉，再注水萃取咖啡，是手沖的必備品。種類可分為濾孔為單孔的 Melitta 濾杯、三孔的 Kalita 濾杯、圓錐形單孔的 Kono 濾杯和 Hario 濾杯，價格相對來說較為低廉。

### 法蘭絨濾布

在濾紙發明之前，代替過濾紙用來沖泡咖啡的工具。由於法蘭絨會使水溫快速降低，萃取時要用比使用濾紙時更熱的水。

### 濾紙

請使用符合濾杯大小的濾紙，如果尺寸不符的話，依照濾杯的大小稍微摺疊一下也無妨。種類可分為天然紙漿濾紙和漂白濾紙，呈茶色的天然紙漿濾紙，有些人會覺得有紙漿的味道，請看清楚後再選購。

### 咖啡壺

盛接由濾杯萃取出的咖啡，大多由耐熱玻璃製成，雖然耐熱但易碎。容量從○‧三至一‧六公升皆有，不同牌子的咖啡壺口會略有不同，如果不是同品牌，濾杯和咖啡壺就有可能會不合，購買時請留意；如果無法負擔購買全部的手沖咖啡用具中，也可以省略咖啡壺。

### 量匙／電子秤

不同大小的量匙，容量也會不同，請先確認自己使用的量匙容量為多少克。一匙的 Melitta 量匙為八克，Kono 量匙為十二克。要測量出準確分量的話，就要使用電子秤。

### 溫度計

水溫是左右咖啡味道的因素之一，在萃取咖啡時最好要有溫度計。沒有溫度計的話，將水煮沸至一百℃，待蒸氣冷卻後，分別裝入咖啡壺和杯子中溫杯，再將原本的水盛裝起來，就是適合萃取咖啡的九十℃水溫。

## 認識濾杯的基本構造

溝槽（rib）是指濾杯裡面紋路的部分，讓空氣在倒入水時能排出的通道。溝槽的英文「rib」有肋骨的意思，因為模樣就像肋骨一樣，便以此命名。不同濾杯會有不同的溝槽大小、長度或形狀，溝槽越多的濾杯，水通過的速度就越快。因此，濾杯也是影響咖啡味道很重要的因素。

溝槽（肋骨）

濾孔

濾孔是水排出的孔，根據濾孔的形狀、大小和數量，咖啡流出的速度也會不同，這也是影響咖啡味道的重要元素。

### 四種常見的濾杯比較

| 品牌 | Melitta | Kalita | Kono | Hario |
| --- | --- | --- | --- | --- |
| 外形 | 倒梯形 | 倒梯形 | 圓錐形 | 圓錐形 |
| 濾孔數 | 1 個 | 3 個 | 1 個 | 1 個 |
| 濾孔大小 | 3 公釐 | 5 公釐 | 14 公釐 | 18 公釐 |

### 四款基本濾杯容量和濾紙

| Melitta 濾杯＆濾紙 | | 1×1（1～2人份）、1×2（2～4人份）、1×4（4～8人份）、1×6（6～12人份） |
| --- | --- | --- |
| Kalita 濾杯＆濾紙 | | 101（1～2人份）、102（2～4人份）、103（4～7人份）、104（7～12人份） |
| Hario 濾杯＆濾紙 | | 01（1～3人份）、02（1～4人份）、03（1～6人份） |
| Kono | 濾杯 | MD21（1～3人份）、MD41（4～6人份）、MD11（10人份） |
| | 濾紙 | MD25（1～3人份）、MD45（4～6人份）、MD15（10人份） |

## 濾杯的材質與種類

濾杯的主要材質為塑膠，此外還有金屬（銅或不鏽鋼）、陶器（陶瓷）等，最近還有玻璃製品。尺寸從一至二人份到六人份皆有，牌子則有 Melitta、Kalita、Kono、Hario 等，最近也有不少人用 Chemex 或 Clever 這類設計較便利的濾杯。不同的濾杯都有其各自的優缺點，理解其特性後再選擇適合的濾杯，才能更輕鬆享用到美味的咖啡。

**Melitta 濾杯**
只有 1 個濾孔，整體面積略大，和 Kalita 濾杯相比，斜度較陡。

**Kalita 濾杯**
共有 3 個濾孔，溝槽非常細密。

**Kono 濾杯**
只有 1 個濾孔的圓錐形濾杯，溝槽只到濾杯的中間部分。

**Hario 濾杯**
圓錐形濾杯，整個濾杯內側都有溝槽。

**Clever 聰明濾杯**
結合了一般濾杯與法式濾壓壺優點的新型萃取工具。

**Chemex 咖啡濾壺**
濾杯與咖啡壺一體成型的設計，耐熱玻璃製品。

## 悶蒸出咖啡的味道

手沖最重要的過程，
就是為了萃取出咖啡成分的
悶蒸階段。
「悶」就是第一次將水
注入咖啡粉中。
咖啡粉新鮮、或是粉中的
二氧化碳多時，
咖啡粉就會膨脹起來。

## 手沖的兩種萃取法

### 法蘭絨濾布過濾 Flannel Drip

　　法蘭絨濾布過濾可以說是最早的手沖咖啡萃取法，在手沖方式中，又以能萃取出最出色的咖啡風味，而被稱為「過濾法之王」，在濾紙發明前被廣泛使用。以法蘭絨濾布過濾的咖啡較為美味，是因為構成咖啡口感的咖啡油脂等成分，能輕易通過法蘭絨材質，如果使用濾紙的話，則會吸附在濾紙上無法通過。用濾紙過濾的咖啡味道較為鮮明，而用法蘭絨濾布的咖啡則是柔順濃郁並帶有豐富的香氣。日本很常使用法蘭絨濾布過濾，但在韓國則因為覺得繁瑣較不普及。

**法蘭絨濾布的保存**

第一次使用法蘭絨濾布時，要先以熱水煮二至三分鐘，去除布料上的漿。平時使用過，清洗乾淨之後，要將法蘭絨濾布泡入水中保存避免乾燥。法蘭絨一旦接觸空氣就會氧化形成不好的味道，因此要泡入水中保存。

# 〈 法蘭絨濾布過濾萃取法 〉

## 準備工具（2 人份）

法蘭絨濾布、法蘭絨濾布手柄（或固定濾架）、手沖壺、咖啡壺、量匙（或電子秤）、溫度計

咖啡粉 24 克、水 240 毫升

## 萃取步驟

❶ 取出泡在水中的法蘭絨濾布，輕輕擰乾後放在毛巾上吸乾水分。將法蘭絨濾布柔軟面朝外，就能萃取出更豐富的風味。

❷ 將咖啡粉放入法蘭絨濾布，並稍微拉一下尾端的部分，使濾布能密實地裝滿。接著輕輕抖動一下，使咖啡粉表面平整。

❸ 一隻手拿著法蘭絨濾布，從咖啡粉的中心往外畫螺旋狀的方式注入水。此時要儘量在低一點的位置，將水從咖啡粉的上方倒入。

❹ 當咖啡粉膨脹起來時，暫停注水、進行悶蒸。此時咖啡的成分開始萃取出來。

❺ 當膨脹的部位往下沉時，再開始從中心往外螺旋狀注水，等到再次膨脹起來的部分變平。

❻ 此時，從中心往外以畫圓的方式注水，為了使萃取出的咖啡持續慢慢地滴落，要持續注水。

❼～❽ 順利萃取的話，咖啡粉的表面會出現小泡泡。

❾ 表面的泡泡混入咖啡中會有澀味，在泡泡沉下之前，將法蘭絨濾布分離。

### 濾紙過濾 Paper Drip

　　濾紙過濾法是指使用過濾紙來萃取咖啡的方法，萃取後方便收拾整理，因此不止咖啡專賣店，一般家庭也很常使用。濾紙過濾法會因使用的濾杯不同，而左右其香味，因此一定要仔細選擇適合自己喜好的濾杯。

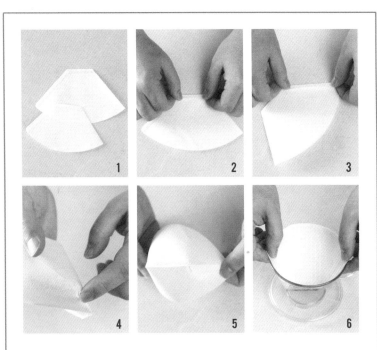

## 濾紙的折法

Melitta 和 Kalita 的濾紙有兩處壓線，請依以下方法來折疊。
Kono 和 Hario 的濾紙只有一處壓線，沿著那條線再直接折就可以了。

❶ 準備符合濾杯大小的濾紙。

❷ 先將底邊沿著條紋壓線往內折。

❸ 側邊則沿著條紋壓線往外折。

❹～❺ 再折一下兩邊的末端，雖然這個步驟也可以省略，但這樣折過之後，會使濾杯和濾紙更密合。

❻ 將濾紙放入濾杯中。

# 〈濾紙過濾萃取法〉

## 1 Melitta 濾杯

　　Melitta 濾杯可以說是最早的濾杯，為德國的咖啡愛好者美利塔‧本茨（Melitta Bentz）夫人於一九○八年所發明的萃取方法。由於那個時代還無法完全過濾，喝完咖啡後，口中仍會殘留咖啡粉並有苦澀的味道。當時，美利塔夫人便撕下兒子的筆記本做成過濾紙，將有洞的鍋子作為濾杯，就能萃取出清澈沒有混雜咖啡粉的咖啡。美利塔夫人的這個發明，也可算是最早濾紙的出現。

　　Melitta 濾杯只有一個濾孔，特色是濾杯中會有大量的水並停留較久。由於萃取的重點就在於濾杯中要停留一定的水量，因此不另外使用手沖壺也無妨。不用分次加水，只要一直倒水直到萃取出想要的份量為止。不過，這個方法不適用於沖泡大量的咖啡時使用。

# Melitta 濾杯萃取法

## 準備工具（1 人份）

Melitta 濾杯、濾紙、咖啡壺、量匙（或電子秤）、溫度計
咖啡粉 8 ～ 12 克、水 150 毫升

## 萃取步驟

❶ 將濾紙放入濾杯，並加入咖啡粉。

❷ 和其他濾杯不同，不用分次加水，要一直注水，讓所有的咖啡粉都浸濕。

❸ 倒入全部的水，等咖啡都萃取完畢後，將濾杯分離。Melitta 濾杯一開始萃取
出淡咖啡，越後面會萃取出越苦越濃的咖啡

❹ 萃取完成的咖啡。和其他濾杯相比，特色是口味較為溫和。請將完成的咖啡
用溫熱的杯子盛裝。

## 2 Kalita 濾杯

　　日本將 Melitta 濾杯加以改良，成為有三個濾孔且水能更快通過的 Kalita 濾杯。不用擔心會萃取過少或過多，非常建議初學者使用。無需考慮滴濾的速度或量，濾杯內能維持一定的水量和咖啡粉接觸，即使沒有熟練的萃取技巧，仍可沖泡出一定品質的咖啡。通常日本人在客人來訪時，會誠心誠意地沖一壺茶來招待，如果用 Melitta 濾杯的話，只是隨意倒水等待的樣子，會讓人覺得有些不太周到。因此便結合了自家的茶道文化，使用手沖壺來倒水，並製作了 Kalita 濾杯和專用的咖啡壺。

## Kalita 濾杯萃取法

### 準備工具（1 人份）

Kalita 濾杯、濾紙、手沖壺、量匙（或電子秤）、咖啡壺、溫度計
咖啡粉 8 ～ 12 克、水 150 毫升

### 萃取步驟

❶ 將濾紙放入濾杯並加入咖啡粉，再置於咖啡壺上。手沖壺中盛裝 90℃的水，
  從咖啡粉的中央開始仔細注水，以畫螺旋狀的方式用細水柱慢慢加水。

❷ 進行悶蒸，等待萃取的咖啡一滴滴掉落至咖啡壺中，大約需要 1 分鐘。

❸ 當咖啡粉膨脹起來，便開始第一次萃取。從中心往外加水，此時中央的部分
  要慢慢加水，外側則要稍微快一點。大約要加 3 圈、約為 10 毫升的水量。

❹ 當咖啡粉中央部分往下沉（約需 10 秒），滴落的水注變成水滴狀，便開始第
  二次萃取，加入約 10 毫升的水量。

❺ 等待 10 秒鐘後，開始第三次萃取，也是調整咖啡的濃度與分量的過程。水柱
  要加得比第二次更大且快速，這次也一樣加入約 10 毫升的水量。

❻ 把濾杯從咖啡壺上移開，將手沖壺中 120 毫升的水加入萃取好的 30 毫升咖
  啡中。加水時請儘量靠著咖啡壺來倒，這樣才不會產生泡沫和雜味。將萃取
  好的 30 毫升咖啡和 120 毫升的水混合均勻，用溫熱的杯子盛裝。

### ③ Kono 濾杯

Kono 濾杯最能呈現沖泡咖啡的人個性如何，從中可以發現不同的人所沖泡出來的味道，有截然不同的差異。不同於 Kalita 或 Melitta，濾杯為圓錐形，雖然放入等量的咖啡粉，但看起來會比較高，此外，溝槽較短且數量少，只有一個濾孔，因此水通過咖啡粉的時間較長，較適於萃取出濃度高且味道深沉的咖啡。假設要沖泡出非常濃郁的咖啡，祕訣就是至少要悶蒸五十秒以上，再慢慢地加水。

不過，滴濾前半段過於專注在悶蒸的話，就會拉長萃取的時間，可能會過度萃取。萃取時適合使用重烘焙的咖啡豆，對於初學者來說，使用上多少會有些困難，萃取方式錯誤的話，就會花費太多時間。此外，由於是專利產品，價格較高。

## Kono 濾杯萃取法

### 準備工具（1 人份）

Kono 濾杯、濾紙、手沖壺、咖啡壺、量匙（或電子秤）、溫度計
咖啡粉 12 克、水 120 毫升

### 萃取步驟

❶ 折好濾紙放入濾杯，加入咖啡粉。

❷ 盛裝 80 至 85℃的水，從中央開始仔細注水，以畫螺旋狀的方式用細水柱慢
　慢加水。由於咖啡粉在 Kono 濾杯中和水接觸的時間較長，因此萃取時的水
　溫就要比使用其他濾杯時低。注水分量要和咖啡粉差不多，大約從濾杯中滴
　落 5 滴的程度較為適當。

❸ 等待悶蒸的過程，約為 20 秒。

❹ 開始第一次萃取，當咖啡粉停止膨脹時，從中央以畫螺旋狀的方式加水，此
　時要比悶蒸時加的水柱粗一點。

❺ 從中央開始往外側加水，再重新往中央加水，然後停止注水。

❻ 當咖啡粉鼓起的部分往下沉，呈現水平狀時，進行第二次萃取。

❼ 注水要比第一次萃取時的水柱粗且速度快。

❽ 同樣地進行第三次萃取時，注水要比第二次萃取的水柱粗且快。

❾ 反覆以相同的方式持續注水，直到萃取出 120 毫升的咖啡為止。當咖啡粉再
　次往下沉，便開始第四次萃取。

❿ 萃取出想要的分量時，將濾杯移開，用溫熱的杯子盛裝咖啡飲用。

## Kono 濾杯點滴萃取法

### 萃取步驟

❶ 裝好咖啡粉後，用手抓住濾杯上緣輕輕搖晃，使咖啡粉表面平整。

❷ 手沖壺中盛裝 85℃的水備用。

❸ 從中央慢慢一滴一滴的加水。

❹ 一滴一滴的加水，直到所有咖啡粉浸濕、進行悶蒸。

❺ 開始萃取咖啡。

❻～❼ 萃取至一定程度後，從中央往外側以畫螺旋狀的方式，用小的水柱慢慢加水。

❽～❾ 再重新往中央加水。

## 4 Hario 濾杯

　　由日本的餐具品牌 Hario 將 Kono 濾杯改良研發而成的產品。Hario 濾杯的溝槽為密集的螺旋狀，從濾杯上緣延伸至濾口，加上大口徑的濾口能加速空氣的流動和咖啡萃取速度。但如果注水的速度過快的話，咖啡的成分就可能無法完全萃取出來。不像 Kono 濾杯會因為萃取技巧而影響咖啡的味道，使用 Hario 濾杯，即使沒有高超的技巧，只要調節好萃取的速度，就能輕鬆沖泡出想要的咖啡風味。

# Hario 濾杯萃取法

## 準備工具（1 人份）

Hario 濾杯、濾紙、手沖壺、咖啡壺、量匙（或電子秤）、溫度計
咖啡粉 10 ～ 16 克、水 150 毫升

## 萃取步驟

❶ 將濾紙放入濾杯並加入咖啡粉，抓住濾杯上緣輕輕搖晃，使咖啡粉表面平整。

❷ 以畫螺旋狀的方式，慢慢注入和濾杯中的咖啡粉等量的水悶蒸，水溫約
  85℃。

❸ 約會滴落 5 至 10 滴咖啡至壺底，悶蒸需等待 20 至 30 秒。

❹ 再往悶蒸後的咖啡粉注水，開始第一次萃取。從中央往外側以畫螺旋狀的方
  式加水。第一次萃取後，每隔 10 至 15 秒再加水。

❺ 一旦水減少的話，再補充加水到剛開始的分量。進行第二、第三次萃取時，
  每次加的水要逐漸增加。加水的速度慢的話，萃取時間就會變長，就會沖泡
  出較濃的咖啡；而時間短的話就會是較淡的咖啡。

❻ 滴濾出 150 毫升的咖啡後，將濾杯移開，用溫熱的杯子來盛裝咖啡。

## 5 Clever 聰明濾杯

　　Clever 聰明濾杯是集合了濾杯和法式濾壓壺優點的新萃取工具，也是簡單就能滴濾出高品質咖啡的方法之一。一般的濾杯要先架在咖啡壺上，利用通過的水來萃取咖啡，Clever 聰明濾杯只需放在平面上，加入咖啡粉後注水，等待一定的時間後，直接讓咖啡傾注到杯裡。喜歡喝濃一點的人就多加一些咖啡粉，或是注水後停留長一點的時間；喜歡淡咖啡的人，注水後縮短萃取的時間即可。就便利性來說雖然非常簡便，但咖啡粉浸泡太久的話，豆子中各式各樣的物質也會被萃取出來，味道的好壞就會非常分明。

# Clever 聰明濾杯萃取法

## 準備工具（2 人份）

Clever 聰明濾杯、濾紙、咖啡壺、量匙（或電子秤）、攪拌棒（或湯匙）、溫度計

咖啡粉 20 ～ 24 克、水 300 毫升

## 萃取步驟

❶～❷ 將 3 至 4 人份的濾紙依 Clever 聰明濾杯的形狀折疊，先折底邊再折側邊即可。底邊和側邊要以相反方向來折，才能維持漏斗狀。

❸ 將 Clever 聰明濾杯擺在平坦處，放入濾紙。

❹ 加入研磨好的咖啡粉。

❺ 一口氣注入全部的水，溫度約 90℃至 93℃。

❻ 等待約 1 分鐘。

❼ 用攪拌棒攪拌 5 次，再等待 2 分鐘。喜歡清淡口感的話，就不要攪拌並將浸泡時間縮短；想要濃一點的咖啡則是悶蒸 1 分鐘、浸泡 2 分鐘，共萃取 3 分鐘，想萃取淡咖啡的話，就將時間再減少即可。

❽ 等待約 3 分鐘後，將 Clever 聰明濾杯放在咖啡杯或咖啡壺上，底部的活動閥會自動打開，讓咖啡流進容器中，即萃取完成，再用溫熱的杯子來盛裝咖啡。

## 6 Chemex 咖啡濾壺

為一體成型的濾杯和咖啡壺,外形有點像紅酒醒酒瓶,非常有設計感。由於最近在美國大受歡迎,使得市場需求急速擴大。這款工具是由德國的化學家 Peter J. Schlumbohm 於一九四一年所開發。據說這位科學家之前的各項發明成果都不太理想,就在即將面臨破產之際,開發出 Chemex 咖啡濾壺才得以挽回。Chemex 咖啡濾壺獨特的設計與簡單的用法,可以說是近代最適宜的濾杯。一般手沖時,即使同一個人也不見得每次沖泡出的濃度都會一樣,只要使用 Chemex 咖啡濾壺,無論是誰沖泡出的味道差異都不大,這是最大的優點。沖泡注水時,不用特別費心,只要倒滿水就能萃取,非常方便。此外,底部寬且壺身中段窄,咖啡的香氣也不易散去。

## Chemex 咖啡濾壺萃取法

## 準備工具（4 人份）

Chemex 咖啡濾壺、Chemex 專用濾紙、量匙（或電子秤）、溫度計
咖啡粉 42 克、水 720 毫升

## 萃取步驟

❶ 將圓形濾紙對折後再對折，折四等份，放在 Chemex 咖啡濾壺上，三面重疊
的部分放在濾壺出水口那一側。

❷ 將水倒在濾紙上，增加與 Chemex 咖啡濾壺的密合度。

❸ Chemex 咖啡濾壺預熱後，將水倒掉。

❹ 將咖啡粉加在浸濕的濾紙上。

❺ 將咖啡粉均勻鋪開。

❻～❼ 倒入 90℃的水，悶蒸 30 至 40 秒。

❽ 慢慢注水，開始萃取咖啡。

❾ 持續不停注水，直到咖啡萃取至壺身肚臍的位置。

❿ 咖啡萃取完成後，取出濾紙，用溫熱的杯子來盛裝咖啡。想喝淡一點的咖啡
的話，就多加一點水。

# 2 土耳其銅壺

## 口感濃稠，加入各種香料的古老咖啡

　　不止在土耳其，也是中東伊斯蘭地區愛用的咖啡萃取方式，雖然多被稱為土耳其咖啡（Turkish Coffee），但因為使用 Ibrik 或 Cezve 咖啡銅壺，也叫做伊芙利克咖啡（Ibrik Coffee）。通常稱這種萃取法為煮沸法（Boiling）或熬煎法，能製作出濃度高且稠的咖啡。

### 萃取原理

　　為世界上最古老的咖啡萃取法，將烘炒過的咖啡豆搗碎，再加水煮沸。還能依個人喜好加入砂糖、蜂蜜、牛奶、羊奶、柳橙、可可粉、巧克力糖漿、肉桂棒之類的香料等來享用。

### 咖啡的味道與特色

　　伊芙利克咖啡是指將研磨得很細的咖啡粉反覆煮沸，持續萃取出咖啡的成分。咖啡煮好之後，會混著咖啡粉一起倒入杯中飲用，因而有著非常濃郁且厚重的特色。

### 工具與材質

　　製作伊芙利克咖啡時，主要使用有著長長手柄、壺口窄小、外形像鍋子一般的 Ibrik 或 Cezve 銅壺。

萃取出來的咖啡差不多等於一杯義式濃縮的分量。壺口比底部要來得窄，咖啡煮好後慢慢倒出咖啡，會看到裡面殘留的咖啡粉。主要由銅或黃銅製成，一個三百毫升的土耳其銅壺要價約一千五百元左右，價位稍高。

### 伊芙利克咖啡與咖啡占卜

在土耳其認為咖啡煮得好的人，就擅長做家務，未來會是個好新娘；咖啡喝完後，觀察留在杯內的咖啡渣，還能夠用來占卜運勢。

## 土耳其銅壺咖啡沖煮法

### 準備工具（1 人份）

土耳其銅壺、攪拌棒（或湯匙）、量匙（或電子秤）
咖啡粉（比義式濃縮更細）7 ～ 12 克、水 70 毫升、砂糖（或蜂蜜）1 ～ 2 小匙

### 萃取步驟

❶ 將咖啡粉放入土耳其銅壺中，加水至一半高。

❷ 用攪拌棒攪拌，避免咖啡粉結塊。

❸ 將土耳其銅壺移到爐火上，水煮開後會開始出現泡沫。

❹ 在咖啡煮滾到快要浮起來高過銅壺之前，暫時離火、並用攪拌棒攪拌 5 至 10 秒鐘冷卻。（可加砂糖拌勻，一開始就加糖煮會比之後再加糖的口感更好）

❺ 再放到爐火上。

❻ 咖啡煮到快要浮起來高過銅壺前，離火用攪拌棒輕輕攪拌 3 次。攪拌越多次，咖啡的香氣會越濃，請依個人口味調整次數。

❼ 如果煮到泡沫浮起來，而且銅壺壺口的咖啡粉燒焦的話，會使苦味整個釋放出來，因此要仔細觀察，不讓泡沫煮到浮起來的程度。煮好後離火，暫時靜置一下使咖啡粉沉澱。

❽ 倒出清澈的咖啡至杯中，想要再清澈一點的話，在濾杯中放上濾紙，過濾一次即可。

# 3 法式濾壓壺

## 簡便又快速的法式濾壓壺

　　泡茶時所使用的法式濾壓壺，原本是研發來萃取咖啡的工具。起初叫做濾壓壺（Plunger Pot），但近來以法式濾壓壺（French Press）這個名稱較為人所知。剛開始的法式濾壓壺是在一八五○年由金屬製成，一九三○年由一位叫卡利馬利（Attilio Calimani）的義大利人，以玻璃杯和金屬濾網改造成現在普遍看到法壓濾壺的樣子，再由丹麥的 Bodum 公司正式生產，在歐洲地區才變得知名。

## 萃取原理

　　將咖啡粉放入法式濾壓壺中，再注入熱水、將濾網往下壓即可，是非常簡便的工具。將咖啡粉加水浸泡的萃取法，只需調節水和咖啡粉接觸的時間，就能出泡出想要的咖啡風味。浸泡在熱水中的時間相對來說較長，因此最好將咖啡粉的顆粒研磨得比手沖時來得粗。

## 法壓壺萃取的風味和特色

　　由於這是一種非常簡單的萃取方式，能感受到咖啡豐富的口感。不過，由於使用的是不細密的金屬過濾網，咖啡粉容易混雜進去，形成澀味，缺點就是無法萃取出清澈的咖啡。

## 構造與材質

　　由附有握把的圓筒形玻璃容器與濾壓網所組成，中間的桿子連接著過濾網與有把手的蓋子，玻璃容器上有刻度，便於用來調整分量。

　　主要由玻璃和不鏽鋼製成，容量從一人份到多人份皆有。最近還有用不鏽鋼做的壺身，加上橡膠和合成樹脂做的雙層濾網，也能當成沖茶的浸泡壺、濾泡壺。

玻璃壺

金屬過濾網

和濾網一體的把手

## 法式濾壓壺咖啡萃取法

### 準備工具（1 人份）

法式濾壓壺、攪拌棒（或湯匙）、量匙（或電子秤）

咖啡粉 8 ～ 15 克、水 150 毫升

### 萃取步驟

❶ 將比手沖更粗研磨的咖啡粉，放入法式濾壓壺中。

❷ 加入 90℃的熱水至法式濾壓壺中。咖啡粉泡水後，可能會膨脹浮起高過濾壓
　壺，因此要慢慢地注水。

❸ 以攪拌棒攪拌 5 至 10 次，使咖啡粉和水混合均勻。

❹ 蓋上蓋子，將過濾網慢慢下壓至法式濾壓壺的中間。

❺ ～ ❻ 浸泡 2 至 3 分鐘，萃取時間越長、越會釋放出苦味。

❼ 浸泡至自己想要的味道時，將過濾網往下壓。如果一下壓得太快，咖啡粉可
　能會往上濺，因此要慢慢往下壓。

❽ 將萃取好的咖啡慢慢倒入溫杯好的杯子中，此時如果倒得太快，一樣會使咖
　啡粉濺出。法式濾壓壺中的咖啡粉浸泡在水中太久的話，會使味道苦澀並變
　得難喝，因此要一次將所有咖啡倒出飲用。

## 用法式濾壓壺打奶泡

法式濾壓壺可以用來泡茶，還能用來打奶泡。方法非常簡單，將加熱好的牛奶倒入法式濾壓壺中，反覆上下拉動濾網，就能輕鬆製作出卡布奇諾或拿鐵拉花使用的奶泡。

### 放粉、注水、下壓，
### 最方便的法式濾壓壺

法式濾壓壺又叫作 Coffee Press、
Press Pot、Plunger Pot 等，
有各式各樣的名稱，
不僅能簡單萃取咖啡，
同樣的器具，還能泡茶、製作奶泡，
功能多又方便。

# 4 虹吸壺

## 能沖出品質穩定的好咖啡

　　虹吸壺（Siphon）是利用蒸氣的壓力將水往上推擠來萃取咖啡的真空萃取法，能萃取出香氣迷人且味道清爽、清澈的咖啡。一九二五年日本的 Kono 公司製造並販賣萃取咖啡的工具虹吸壺，並以此而聞名。現今亦有許多專業咖啡用具品牌會製造虹吸壺，多樣化的設計也很適合當成家飾用品。本來在下壺裡的水經由導管往上升，接觸到咖啡粉後，再次下降到下壺中，這樣的萃取過程本身就很趣。

## 萃取原理

　　虹吸壺可分為上部的「上壺」和下部的「下壺」，水蒸氣的壓力使下壺中的熱水經由導管往上升，用來萃取咖啡。上壺中萃取好的咖啡，則通過濾器滴落到下壺中。

## 咖啡味道的特色

　　虹吸式的沖煮法只要掌握好咖啡粉和水量、火的強弱及沖煮時間的話，就能沖泡出具有穩定品質與香氣，以及清爽風味的咖啡。如果調節水柱是手沖的關鍵，虹吸壺則會隨著攪拌棒的使用技巧，而使味道出現差異。

咖啡粉要研磨得比手沖時稍微細一些，萃取的時間要在一分鐘以內較佳。

## 構造與材質

虹吸壺主要分成上下兩部分，上半部為盛裝咖啡粉的上壺，下半部為裝水的下壺，底下放置能加熱用的酒精燈、瓦斯爐或鹵素燈加熱器來使用。濾器有濾紙和法蘭絨兩種，濾紙能沖泡出較清澈的味道，使用法蘭絨則能品嘗到豐富的香氣，但缺點是保存較為麻煩。

虹吸壺是由耐熱玻璃和不鏽鋼製成，Kono、Hario、Tiamo 等品牌皆有生產，從一人份的迷你壺到二至五人份，也有附有握柄的虹吸壺，種類非常多樣，價格從八百至三千五百元不等。

上壺

濾器

立架

下壺

酒精燈

攪拌棒

# 虹吸壺咖啡萃取法

## 準備工具（2 人份）

虹吸壺、攪拌棒（或湯匙）、量匙（或電子秤）

咖啡粉 24 克（比手沖用粉稍細）、水 240 毫升

- 咖啡與水的比例為 1：10 較為適當
- 進行萃取時，工具的溫度會上升，請小心拿取，並以乾毛巾將上壺或下壺的水氣擦乾再使用。

## 安裝濾紙

❶ 將濾紙夾入兩片濾片中間。

❷ 旋轉下方的濾片，鎖緊上下部分。

❸ 用手將濾紙往上包住。

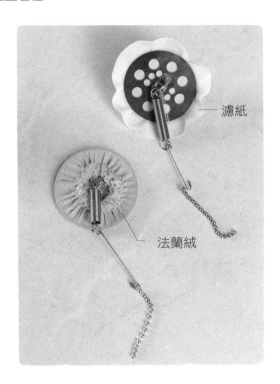

濾紙

法蘭絨

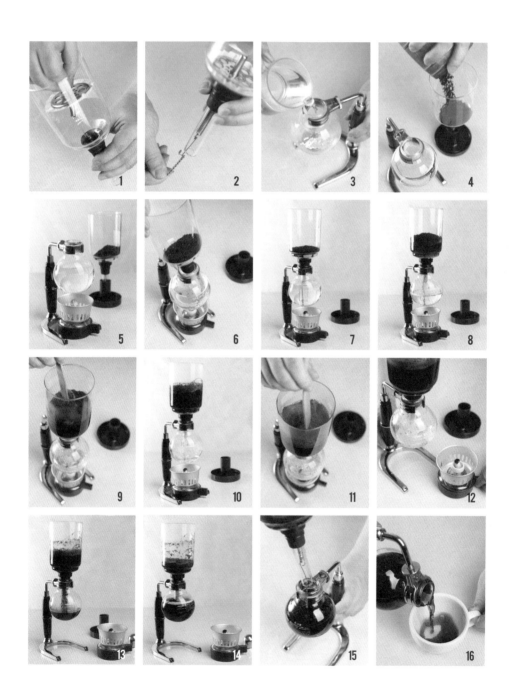

## 萃取步驟

① 將濾器放入上壺。

② 把濾器尾端的鏈條勾環確實扣住上壺的導管，並檢查是否在正確的位置。

③ 萃取之前，先將熱水倒入下壺中。如果萃取時溫度差異大的話，就無法品嘗出咖啡的香氣。

④ 將咖啡粉舀入上壺中，並輕敲或搖動上壺使表面呈水平狀。如果咖啡粉不平的話，水就無法均勻地接觸。

⑤ 將酒精燈置於下壺的下方中央。

⑥ 先將上壺斜斜地掛上去。

⑦ 當水加熱至 85 至 90℃時，開始產生氣泡和水蒸氣。當水開始煮滾，氣泡往上升時，將上壺調整至水平，和下壺緊密結合。

⑧ 下壺內部因為上升的壓力，將水通過導管往上推擠。

⑨ 待升入上壺的水為咖啡粉的 2 倍時，用攪拌棒攪拌 5 次，使咖啡粉和水混合均勻，為了不使咖啡粉附著在邊緣，要迅速地攪拌，才能均勻地萃取出咖啡粉中的咖啡成分。

⑩ 靜置 30 秒至 1 分鐘。

⑪ 再將攪拌棒以畫螺旋狀 5 圈的方式攪拌。

⑫ 移開酒精燈。

⑬ 下壺的壓力降低後，上壺中萃取好的咖啡會經過濾器過濾往下壺流，當咖啡完全流下後，接著開始流下泡沫。

⑭ 出現黃色泡沫時，就代表咖啡味道和香氣已萃取完成。

⑮ 一隻手抓住立架，另一隻手扶住上壺，以畫圓的方式移動，慢慢消除壓力。

⑯ 小心握住下壺的立架，慢慢將咖啡倒入溫杯好的杯子中。

# 5 摩卡壺

## 簡易版的迷你義式咖啡機

一般家庭沒有義式咖啡機時，也能利用摩卡壺來享用義式濃縮咖啡。由一九三三年義大利的阿方索‧拜爾拉提（Alfanso Bialetti）所發明，之後在義大利，幾乎人人的家中都備有一台拜爾拉提（Bialetti）品牌的摩卡壺，而成為代表性的品牌。由於價格較義式咖啡機便宜，全世界超過銷售量三億個，也是讓摩卡壺大眾化、普及化的原因。

## 萃取原理

下壺中的水煮滾之後，水蒸氣會通過咖啡粉並在上壺萃取出咖啡。下壺加的水不要超過中間左右的壓力閥，如果水擋住洩壓的安全閥的話，壺內的壓力會過大，造成危險。

## 簡單的手動萃取義式咖啡

利用煮水時的壓力手動式萃取義式濃縮的工具，在短時間內可以萃取出味道濃郁且咖啡因含量低的咖啡，使用上非常簡單又方便。雖然因為低壓使得義式濃縮特有的油脂泡泡（crema）較少，但在濃郁的風味表現上毫不遜色。如果不喜歡咖啡粉苦澀的味道，可在中間夾入濾紙，就能享用清澈的義式濃縮。

## 構造與材質

　　兩層構造的摩卡壺，下方為裝水的下壺，上方為萃取出咖啡的上壺，中間則是盛裝咖啡粉的咖啡粉槽。平時要將上壺、下壺和咖啡粉槽分開保存，才能避免生鏽。

　　摩卡壺主要由導熱性佳的鋁所製成，但最近也有鋁合金、不鏽鋼、陶瓷的製品，像是以陶瓷製品為特色的 Ancap，以設計感的廚房用具聞名的 Alessi 和 Giannini 等，價格依品牌和種類不同而有所差異，一般來說，兩人份的摩卡壺價格約六、七百元就可以購得。

## 內部構造

上壺

下壺

蓋子

中央蕊柱

壓力閥

咖啡粉槽

便宜的義式濃縮萃取工具

摩卡壺是小型的手動式義式濃縮萃取工具，
在家裡也能簡單使用。
1 人份、2 人份、4 人份、12 人份等，
可以選購適合的各種尺寸。
不過，1 人份的摩卡壺就只能萃取出 1 人份，
2 人份的摩卡壺就只能萃取出 2 人份的咖啡。

## 摩卡壺咖啡萃取法

**準備工具（1 人份）**

摩卡壺、量匙（或電子秤）、咖啡粉 12 ～ 15 克、水 60 毫升

**萃取步驟**

❶ 將水加入下壺中，不要超過下壺的壓力閥（小洞）。冷水會煮較久時間，若加入適量的熱水就能縮短萃取時間。

❷ 咖啡粉放入粉槽中，用量匙將表面抹平。

❸ 將粉槽裝在下壺上。

❹ 將上壺和下壺連接旋緊。如果沒有接好的話，會因為洩出的壓力使咖啡萃取失敗或流出熱水，請特別注意。

❺ 加熱器如果和摩卡壺底部無法吻合的話，先放在輔助支架上再使用。

❻ 將摩卡壺放在中火上加熱。把手遇熱可能會融化，要放在靠外側。

❼ 打開蓋子開始進行萃取。如果是高蕊柱的摩卡壺，請蓋上蓋子萃取。

❽ 當咖啡萃取液都沖上來後，蓋上蓋子並將火轉小，待發出咕嚕咕嚕的聲音時離火。

❾ 將上壺中萃取好的咖啡倒入溫杯好的杯子中，也可依個人喜好加入熱水。

---

**如何分離摩卡壺？**

摩卡壺完全冷卻後再分離最為安全，如果要馬上分離上下壺的話，一隻手抓住把手，另一隻手用冷的濕毛巾包住下壺，就能輕易將上下壺分離。

# 6 冰滴咖啡壺

## 長時間冷泡萃取的熟成風味

冰滴咖啡的器具，最初是由荷蘭製造，因此也稱為荷蘭咖啡（Dutch Coffee），或稱作水滴咖啡（Water Drip）、冷泡咖啡（Cold Brew）。由於口感柔順與悠長的餘韻，非常受到咖啡愛好者的歡迎。

不像其他咖啡用熱水萃取，冰滴咖啡的特色是用冷水三至十二小時的長時間萃取。萃取出來的咖啡不會直接喝，而是裝入密閉容器中放入冰箱冷藏二至五天繼續熟成，更能品嘗到柔順的風味。萃取得好的冰滴咖啡還能感受到比紅酒更好的口感與香氣。可依個人喜好加入冰塊或冷水飲用，或是加入砂糖和牛奶也很不錯。普遍來說，這種將咖啡粉加入冷水長時間浸泡的萃取方式，受到不少人喜愛。

## 萃取原理

利用從上方滴落的水滴壓力來萃取咖啡，水加入上壺中，將咖啡粉舀在濾紙上，再慢慢滴濾的方式，並要使用重烘焙、研磨得很細的咖啡粉。適當的萃取速度為一・五秒滴落一滴咖啡，可用流速調節開關來調整速度。

## 用冷水萃取，咖啡因和苦澀味低

用冷水來萃取的冰滴咖啡在夏天更受歡迎，比起利用熱水沖泡的咖啡，味道較不酸澀，即使長時間保存味道變化也不大。此外，咖啡因只會在超過七十五℃的水中才會溶解出來，因此用冷水萃取的冰滴咖啡，幾乎沒有咖啡因，且苦味或澀味較少，並充滿黑巧克力與煙燻薰的香氣。

## 構造與材質

沖泡冰滴咖啡的工具由盛裝水的上壺、下壺、連接上下部分的濾器所構成。由於是玻璃製品，使用時請避免用非常熱的水。窄口的上壺要用軟毛刷仔細刷洗，濾器使用後要先煮過再完全晾乾。

冰滴咖啡壺由於易碎，因此屬於高價位，以日本的製品較多，根據不同的品牌和容量，價格從一千到四千元皆有。

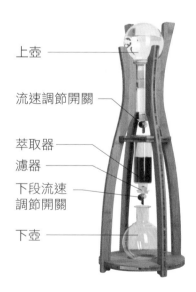

上壺

流速調節開關

萃取器

濾器

下段流速
調節開關

下壺

### 夏天享用的高級咖啡

充滿黑巧克力和煙燻香氣、口感清澈的冰滴咖啡，
是將萃取出的咖啡濃郁原液，放入冰箱冷藏保存再喝的咖啡。
冰滴咖啡原液再加入清涼的水和冰塊，特別適合在夏天享用。

## 冰滴咖啡萃取法

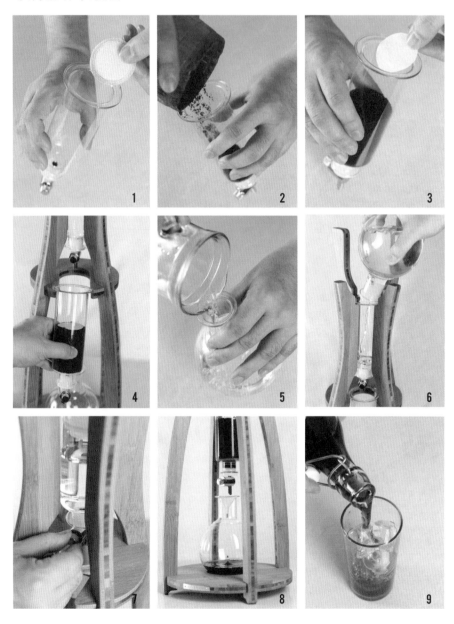

## 準備工具（16 人份）

冰滴咖啡壺、量匙（或電子秤）、咖啡粉 50 克、水 500 毫升

## 萃取步驟

1. 將濾紙放入濾器底部。濾紙能調節咖啡粉內部的水流並去除雜味，請根據不同工具選用濾紙、法蘭絨或陶瓷的濾片。

2. 將咖啡粉舀在濾紙上。粉末顆粒太細的話，水會不容易通過，太粗的話，水又會太快流下，大約像芝麻粉一樣最為適當。請將咖啡粉盛裝均勻，也可使用咖啡填壓器（Tamper）。

3. 咖啡粉上再蓋上一片濾紙（或法蘭絨、陶瓷濾片），如此一來，水滴落之後，才能均勻滲透。

4. 安裝濾器。

5. 上壺中加入常溫的水。

6. 關閉流速調節開關後，組裝上壺。

7. 調整流速調節開關，使水滴依你想要的速度落下。

8. 等到咖啡粉都浸濕後，開始滴濾咖啡。不過，一開始調整好的水滴可能會中途停止，中間要不時檢查一下。

9. 經過 3 至 12 小時後，萃取完成。將冰滴咖啡裝入密閉容器，放入冰箱冷藏 2 至 5 天繼續熟成，再加冰塊和水享用。

> 萃取出 30 毫升的冰滴咖啡為 1 人份，再依個人喜好加入冰塊和水調整濃度再飲用即可。

# 7 膠囊咖啡機

## 無需研磨的全自動咖啡機

　　將膠囊放入咖啡機中，按下按鍵就能萃取出想要的咖啡，是迎合忙碌現代人生活風格的產品。分別將一杯分量的咖啡粉密封起來，不僅香氣能維持較久也較衛生。無需特殊的技術、簡單又方便，還能依不同時刻品嘗不同風味的咖啡。不同品牌的膠囊大小和種類也不同，選擇符合自己喜歡的咖啡口味和香氣品牌，來購買咖啡機即可。

　　膠囊咖啡的萃取原理類似義式咖啡機，當咖啡豆在高溫的壓力下，瞬間就能萃取出咖啡原液。和義式咖啡機不同點在於，用膠囊取代了將咖啡豆研磨後放入機器的過程，是很簡便的萃取方式。

## 咖啡味道的特色

　　雖然能依自己喜好的口味來選擇膠囊咖啡，但咖啡種類還是會隨著品牌而不同。雀巢有以各種特色生豆混合的綜合 Espresso、美式咖啡風格的 Lungo、只提供單一原產地咖啡的 Pure Origin、無咖啡因的 Decaffeinato 等數十種。illy 有深烘焙、中烘焙、低咖啡因、Lungo（淡義式濃縮）等；The Coffee

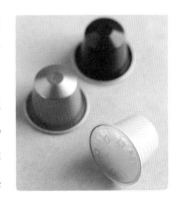

Bean 則有義式濃縮和滴濾咖啡膠囊。膠囊價格每顆約為二十～三十元，主要以義式濃縮為基底再調製成不同飲品。也有附加蒸汽機的咖啡機，就能輕鬆做出咖啡拿鐵或卡布奇諾等飲料。

## 工具和種類

膠囊咖啡機的大小相當於家庭用的義式咖啡機或美式咖啡機，由置放咖啡膠囊的投入口、裝水的容器、咖啡的萃取出口所構成，不同品牌的機器還會附有蒸氣機或收集空膠囊的容器。

膠囊咖啡機有雀巢（Nespesso）、illy Francis、CBTL（Coffee Bean Tea Leaf）、Dolce Gusto、Lavazza Guzzini、Italico、Tchibo Cafissimo、推出膠囊組合的 Flavia，以及還能同時萃取研磨咖啡粉的 Keurig 等品牌，價格從七千至兩萬元皆有。

## 膠囊咖啡萃取法

## 準備工具（1 人份）

膠囊咖啡機、咖啡膠囊 1 顆、水適量

## 萃取步驟

❶ 水箱裡裝入適量的水。

❷ 挑選好想要的膠囊口味，放入膠囊咖啡機中。

❸ 將盛裝的杯子放在萃取出口底下。

❹ 按下義式濃縮或美式咖啡的按鍵。

❺ 咖啡萃取完成後，取出膠囊，放空杯子到萃取出口底下，按下萃取按鍵清洗
萃取出口內部。

---

＊編註：目前膠囊咖啡機因製作過程中耗電與使用完畢後的垃圾量，有部分咖啡愛好者提出盡量不
要使用的看法。

# 8 美式咖啡機

## 電動式注水的咖啡沖泡機

內建濾杯（濾網）的家庭用電動滴濾咖啡機。注水的方式可分成：連續注水、多重注水、調整滴落時間長短等多種方式，因此即使是萃取同樣的咖啡粉，味道也會跟著改變。主要適合用來沖泡淡咖啡，只要使用新鮮的咖啡豆就能享用美味的咖啡。

## 可一次大量過濾萃取咖啡

將水槽裝滿，濾杯部分的濾筒放入濾紙，舀入咖啡粉並按下按鈕後，熱水就會通過咖啡粉，滴落萃取出咖啡。具有維持咖啡熱度的保溫功能，有的機型附有內建的研磨機，一次可以萃取大量的咖啡。

## 口味溫和，適合大部份人飲用

能品嘗到溫和口味的咖啡，對於較排斥濃咖啡或苦味的人來說就非常適合。想要喝濃一點時，就增加咖啡粉的分量。咖啡萃取完成後，風味容易變化，因此盡快飲用完畢較佳。

## 構造與材質

　　由裝水的水槽、盛裝咖啡粉的濾筒、萃取口、咖啡壺等部份所構成的滴濾式咖啡機。本體主要由不鏽鋼和塑膠組成，咖啡壺大部分則是耐熱玻璃或是能保溫的不鏽鋼。

濾筒

水槽

萃取口

咖啡壺

### 用美式咖啡機也能沖煮美味咖啡的祕訣

❶ 待熱水接觸咖啡粉之後，稍微等待一下（類似手沖過程的悶蒸），較容易萃取出咖啡豆中的成分。因此，先啟動機器，待咖啡壺中滴落了二至三滴的咖啡時，關閉電源 20 秒左右，稍微等待一下、再打開電源讓熱水流出，繼續萃取，就能享用到口味較濃郁的咖啡。

❷ 萃取咖啡時，剛開始萃取出的咖啡味道較好，時間越久，萃取的咖啡就會越來越苦澀。假設要沖泡 5 人份的咖啡，只需加入 3 人份的水，萃取完成後，再加入 2 人份的熱水混合。如此一來就能享用到風味更加清爽的美味咖啡。

## 美式咖啡機沖煮法

### 準備工具（1 人份）

美式咖啡機、量匙（或電子秤）
咖啡粉 8 克、水 150 毫升

### 萃取步驟

❶ 將水倒入水槽，要比預計萃取的咖啡量多 10 至 20 毫升。

❷ 將濾紙放入濾器並舀入咖啡粉，大約 100 毫升搭配 5.5 克的水粉比例較適當。

❸ 調整注水的位置。

❹ 啟動電源開始萃取咖啡。

# 9 義式咖啡機

## 源於「短時間萃取」的快速咖啡

　　義式濃縮咖啡（Espresso）和英語的 Express 為相同語源，都有著「快速」的意思。不僅咖啡萃取的速度快，飲用的速度也快，才因此而命名。傳統義大利人飲用的義式濃縮咖啡，是用專門的機器以高壓萃取出的高濃縮咖啡。因為是在短時間內萃取出來，咖啡因的含量不高，主要使用深烘焙並研磨得很細的咖啡粉。還能用來做成我們常喝的美式咖啡、咖啡拿鐵、瑪奇朵、卡布奇諾等飲品。

### 用高溫壓力萃取出的高濃縮咖啡

　　大約九十℃的熱水通過細研磨的咖啡粉後，將水溶性的成份溶解於水中，非水溶性成份或香味則通過細孔的金屬濾器穿透出來的萃取方式。將沖煮把手裝入咖啡粉，利用填壓器（Tamper）將上方均勻壓實，扣回沖煮頭（Group Head）之後，按下給水鍵，就能以一定程度的壓力來萃取高濃縮咖啡。一杯義式濃縮咖啡的單位為 Shot，通常一個 Shot 是使用六至十克的咖啡粉，以九十至九十二℃的水、氣壓八至十 bar 的高壓萃取二十～三十秒，約為二十至三十毫升的咖啡。

### 附有獨特 crema 香氣的厚重黑咖啡

和一般咖啡不同，義式濃縮咖啡是上面覆蓋著油脂泡泡（crema）的黑咖啡，須在香氣散去之前盡快飲用。喝完之後，縈繞在嘴裡強烈的厚重口感，非常具有魅力。義式濃縮咖啡主要用專用的小咖啡杯（Demitasse）盛裝飲用。由於和甜味非常搭配，在義大利常會加入砂糖一起享用。

### 機器的種類和構造

義式咖啡機大約可分為手動式和自動式，主要由加熱水的鍋爐和調節水量的馬達所構成，還有製作奶泡的蒸氣旋鈕、熱水的出水頭、裝咖啡粉的把手、沖煮頭等。

溫水指示燈

萃取鍵

沖煮把手

蒸氣旋鈕

沖煮頭

蒸氣噴管

**各種義式濃縮咖啡飲品**

Espresso、Doppio、Ristretto、Lungo 等是從義式濃縮咖啡衍生出來的。Doppio 是指一次飲用兩杯份的 Espresso，聯想成英語中的 Double 即可。覺得一個 Shot 的 Espresso 不夠時，改成點 Espresso Doppio 即可。
Ristretto 和 Lungo 則是使用等量的咖啡粉，加入不同分量的水。咖啡粉 8 克和 30 毫升的水萃取而成的是 Espresso，20 毫升的水則是 Ristretto，50 毫升以上就是 Lungo。想要比 Espresso 更酸更香的風味，就喝 Ristretto；想要比美式咖啡稍濃一些，就可以點 Lungo，將 Lungo 想成歐式的淡咖啡即可。

| 飲品名稱 | 分量比較 |
| --- | --- |
| Espresso | 用義式咖啡機萃取的 25 至 30 毫升的咖啡 |
| Ristretto | 萃取時間比 Espresso 短（10 至 15 秒）且分量較少（15 至 20 毫升） |
| Lungo | 萃取時間長且分量比基本 Espresso 要多（50 毫升以上） |
| Doppio | 兩個 Shot 分量的 Espresso |

# 家庭用義式咖啡機萃取法

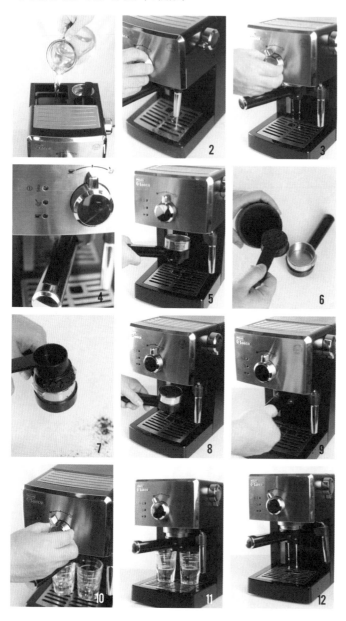

## 準備工具（2 人份）

義式咖啡機

咖啡粉 16 克、水

## 萃取步驟

❶ 加水。家庭用義式咖啡機沒有另外連接水管，直接加入需要的水量即可。

❷ 排出蒸氣閥中的水，讓內部的積水流乾淨，新裝入的水才能流動順暢。

❸ 排出中央萃取口的水，讓內部的積水流乾淨，新裝入的水才能流動順暢。

❹ 握住轉成 45 度的濾器把手。

❺ 將把手往左邊轉，取下濾器把手。

❻ 將適量的咖啡粉填入。

❼ 利用填壓器或量匙的背面將咖啡粉表面壓實。

❽ 將把手以 45 度扣回沖煮頭。

❾ 將把手轉回正中央。

❿ 確認指示燈是否顯示為萃取咖啡。

⓫ 放上杯子，功能鈕旋轉到萃取模式，開始萃取。

⓬ 咖啡萃取完成後，取下把手，清除咖啡渣並用水沖乾淨，中央萃取口也以清水沖洗乾淨。

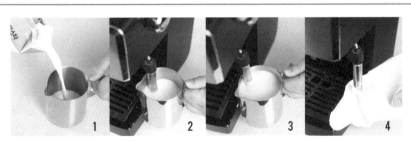

### 製作奶泡

❶ 將牛奶加入拉花鋼杯中。

❷ 加入約一半的牛奶，要高過蒸氣噴管約 1 公分的位置。

❸ 一邊將空氣打入牛奶，完成奶泡。

❹ 奶泡製作完成後，用濕布將蒸氣噴管擦乾淨。

## 營業用義式咖啡機萃取法

## 準備工具（2 人份）

義式咖啡機、咖啡粉 16 克

## 萃取步驟

① 將義式濃縮咖啡專用杯 Demitasse 放至溫杯區溫杯。

② 將盛裝咖啡粉的濾器把手往左邊轉 45 度，取下濾器把手。

③ 用水沖洗。

④ 用乾布（麻質）將把手內部的濾器擦乾，並去除雜物。

⑤ 將把手放在研磨機的出口下，啟動研磨機。

⑥ 拉下研磨機的操縱桿，盛裝適量的咖啡粉於濾器把手中。

⑦ ～ ⑧ 盛裝至想要的分量後，用手將咖啡粉的表面均勻壓實，再用手或蓋子刮除多餘的殘粉。如果研磨機已經磨出定量的咖啡粉，或是使用全自動研磨機的話，只要壓實即可。

⑨ 再用填壓器均勻壓實，用力往下壓後，將填壓器以順時針方向旋轉。

⑩ 填壓後，確認咖啡粉表面是否等高並進行調整。

⑪ 將把手邊緣的多出咖啡粉撥乾淨。

⑫ 扣回沖煮頭前，先將過熱的水排出 2 至 3 秒，並清除排水槽的殘渣。

⑬ 將裝好咖啡粉的把手以 45 度扣回沖煮頭，並把手轉回機身中央位置。先將後側稍微靠上再一邊轉動，即可輕鬆扣回。

⑭ 將 Demitasse 杯（或 Shot glass 杯）放在萃取口下。義式濃縮咖啡的專用杯為 Demitasse；有著刻度能測量機器萃取分量的小厚玻璃杯為 Shot glass；常用於製作拿鐵拉花咖啡的不鏽鋼杯則是拉花杯。

⑮ 按下萃取鍵，萃取 30 毫升的義式濃縮咖啡。

⑯ 萃取後，將義式濃縮咖啡移至一側，取下把手。

⑰ 將把手用力敲打咖啡渣桶，倒出濾器上的咖啡渣。

⑱ 按下萃取鍵，用水將濾器上的殘渣清洗乾淨。

⑲ 扣回把手前，用流水清洗沖煮頭的上部，再將把手裝回。平時不用時，為了維持溫度，也要濾器把手扣在沖煮頭上。

⑳ 將萃取好的義式咖啡依個人喜好飲用。通常會加入砂糖，很多人會不攪拌直接喝，但攪拌過再喝也無妨。

## 什麼是填壓器和填壓？

### 填壓器 Tamper

　　將沖煮把手中盛裝的咖啡粉壓實的工具，底部是不鏽鋼、鋁或塑膠，把手為木頭、橡膠或 PU 塑膠製成。不鏽鋼的填壓器不用太費力就能填壓，鋁或塑膠的填壓器就要稍微調節一下力道。

### 填壓 Tamping

　　指將把手中盛裝的咖啡粉壓實的動作，使咖啡粉的密度、高度一致，水才能均勻通過。重填壓的咖啡粉密度高，水通過的時間較長，所以咖啡的味道會變得更濃郁。

## Crema：新鮮咖啡的證明

　　crema 是浮在義式咖啡上二至四公釐厚的淺褐色光澤泡沫，crema 能使咖啡的香氣持久，啜飲入口的口感滑順，也具有隔熱的作用，避免咖啡太快冷卻。由於 crema 能使風味柔順好喝，對於義式濃縮咖啡來說是很重要的元素。

　　crema 是從咖啡豆中萃取出來無法溶於水的膠質成分、油脂和香氣成分，不會沉澱並浮在上層。使用細緻的咖啡粉，溫和且高度萃取方式，呈現出褚紅色或金黃色光澤，才是完美的狀態。越是新鮮好品質的咖啡，crema 越多且泡沫細緻滑順不容易消失，泡沫大就容易消失。

　　想要萃取出有漂亮 Crema 的義式濃縮咖啡，一定需要新鮮豆子、好的咖啡機、適度研磨、確實地填壓和新鮮乾淨的水。想要確定萃取出的是否為好的義式濃縮咖啡時，請仔細觀察萃取出的 crema。

# 在家享用冰滴咖啡

　　冰滴咖啡有著黑巧克力香氣與柔順風味，廣受愛好者歡迎，最近也有越來越多人試著在家沖泡品嘗。但是專用的冰滴咖啡工具價格通常要二～三千元，加上體積較大，難以下定決心購入。為了想要在家享用冰滴咖啡的愛好者，以下介紹的是一千元有找、便宜的家庭式冰滴咖啡工具，以及簡單利用寶特瓶來萃取冰滴咖啡的方法。長時間用冷水一滴一滴萃取的冰滴咖啡，能享用到較濃郁且多樣的風味，還可以長時間保存，請試著在家萃取看看。

## 家庭式冰滴咖啡萃取法

### 準備工具（5 人份）

冰滴咖啡工具、咖啡粉 70 克、水 700 毫升

### 萃取步驟

① 將咖啡粉放入濾器容器中。

② 輕輕晃動或敲一敲，使咖啡粉表面呈水平狀。

③ 裝上濾器。

④ 再裝上工具的上端部分。

⑤ 倒入量好分量的水。

⑥ 開始進行萃取。萃取好的冰滴咖啡須裝入密閉容器中，放入冰箱冷藏
保存，飲用時加入冷水或冰塊稀釋。

## 利用寶特瓶萃取冰滴咖啡

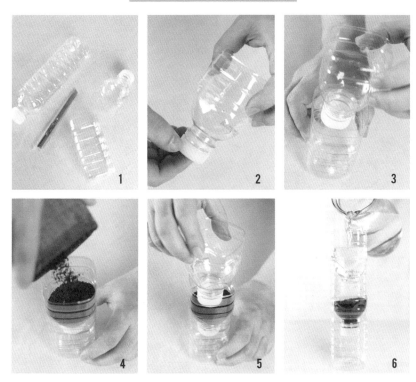

**準備工具（2 人份）**

咖啡粉 20 克、水 200 毫升、寶特瓶（500 毫升）2 個、美工刀

**萃取步驟**

❶ 用美工刀將準備好的寶特瓶切開。

❷ 稍微將瓶蓋轉開，使咖啡能慢慢流出來。

❸ 將有瓶蓋那一側的寶特瓶放在底座寶特瓶上。

❹ 放入咖啡粉。

❺ 再放上另一個有瓶蓋的寶特瓶。

❻ 將水加入。咖啡萃取好後，放入冰箱冷藏保存，加入適量的水再品嘗。

LESSON 4

咖啡食譜

# 經典人氣咖啡飲品

當熟悉了沖煮義式濃縮咖啡的方法之後，接下來，你可以開始挑戰之前在咖啡館享用過的各式飲品了。義式濃縮咖啡只要加上牛奶、糖漿等各種材料，就能開發出各式各樣的新口味，像是美式咖啡、咖啡拿鐵、卡布奇諾、咖啡摩卡等，你都能親自試做。萃取好的義式濃縮咖啡再加上個人喜好，你也可以作出名店級美味咖啡。

（食譜的材料與份量皆以 1 人份為基準）

想要保有咖啡香氣的話，
就將義式咖啡加入溫水中；
想要品嘗咖啡本身的味道，
則把熱水加入義式咖啡裡即可。

# 1 美式咖啡

歐洲人喜愛享用濃咖啡，美國人則偏愛淡咖啡，因此美國人喝的淡咖啡就被稱為美式咖啡。美式咖啡也是咖啡專賣店的人氣飲品，和義式濃縮咖啡中的 Lungo 有些類似，但歐式的 Lungo 較為濃稠且餘韻厚重，相反的美式咖啡的特色則是清澈且溫和。將義式濃縮咖啡加入熱水混合，品嘗得到溫和的咖啡風味，也稱作黑咖啡。

**準備工具（1 人份）**
義式濃縮咖啡 30 毫升、熱水 200 毫升

**沖煮步驟**
❶ 將熱水倒入杯中。
❷ 萃取義式濃縮咖啡。
❸ 將義式濃縮咖啡加入熱水混合。

義式濃縮咖啡飲品，
最重要的就是咖啡豆的品質。
使用烘焙後不到一週的新鮮咖啡豆，
萃取 25 秒鐘，就能呈現最完美的風味。

# 2 濃縮瑪奇朵

濃縮瑪奇朵是一款能品嘗到義式濃縮咖啡柔順口感的飲品，作法和咖啡拿鐵、卡布奇諾類似，只有添加的牛奶份量有所差異。濃縮瑪奇朵要先將義式濃縮咖啡倒入專用的 Demitasse 杯中，再加入二十至三十毫升的奶泡，能同時品嘗到濃郁的咖啡與柔順的牛奶風味。

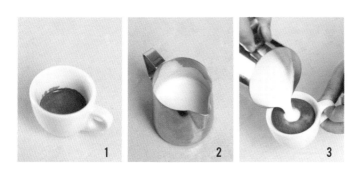

**準備工具（1 人份）**
義式咖啡、牛奶各 30 毫升（一個 Shot）

**沖煮步驟**
❶ 將義式濃縮咖啡萃取至 Demitasse 杯中。
❷ 利用蒸氣機或法式濾壓壺製作奶泡。（請參考 P179）
❸ 趁 crema 還沒消失前，將奶泡輕輕加在義式濃縮咖啡上。

增加義式濃縮咖啡分量的話，
咖啡拿鐵的味道會更濃，
風味也會變得更好。
將兩個 Shot 的義式濃縮咖啡（60 毫升），
加入用蒸氣機打出的絲絨狀奶泡，
就能混合出更加美味的口感。

# 3 咖啡拿鐵

　　義大利語的咖啡拿鐵就是結合了「咖啡」與「牛奶」兩個單字而成的名稱，意思即為咖啡牛奶。在義大利常用來代替早餐，做法只要將咖啡和牛奶混合即可。能品嘗到柔和的咖啡味道，增添的牛奶份量可依個人喜好增減。除了將奶泡拉花，也可以直接將義式濃縮咖啡和奶泡一起混合，飲用的方式非常多樣。

## 準備工具（1 人份）
義式濃縮咖啡 30 毫升（一個 Shot）、牛奶 200 毫升

## 沖煮步驟
❶ 萃取義式濃縮咖啡，也可直接萃取到杯中，較能品嘗到咖啡香氣。

❷ 利用蒸氣機製作適量的奶泡。（請參考 P179）

❸ 將義式濃縮咖啡倒入杯中。

❹ 加入上色的奶泡。（可以試著拉花）

※ 要製作焦糖拿鐵的話，加入 20 毫升的焦糖糖漿或焦糖醬即可。

卡布奇諾最重要的，就是柔軟的奶泡，
用法式濾壓壺來製作奶泡的話，
要裝一半的牛奶，並大幅地上下移動濾網，
注入大量空氣，重複三到四次後，
就能做出泡沫細緻的奶泡。

# 4 卡布奇諾

　　義大利人白天喝的是義式濃縮咖啡，晚上則是口感柔順的卡布奇諾。卡布奇諾名稱的由來是這樣的：以前歐洲的天主教修道會中，有個「聖方濟」（Capuchin）教派的修士們，會戴著尖尖的高帽子。這個模樣非常類似有著滿滿奶泡的咖啡，因此就命名為卡布奇諾。

　　卡布奇諾和咖啡拿鐵一樣，是由咖啡和牛奶所組成的飲品。將牛奶打入大量空氣做成奶泡，再混入義式濃縮咖啡中飲用，能同時享用到濃郁的義式濃縮咖啡與柔順的牛奶。如果義式咖啡機沒有蒸氣噴管的話，也可以利用法式濾壓壺等小型奶泡機來製作。

## 準備工具（1 人份）

義式濃縮咖啡 30 毫升（一個 Shot）、牛奶 150 毫升、肉桂粉（或巧克力粉）少許

## 沖煮步驟

❶ 將義式濃縮咖啡萃取至卡布奇諾杯中。

❷ 利用蒸氣機製作細緻的奶泡。泡沫越細味道越好，使用義式咖啡機的話，蒸氣的壓力越大，製作出的泡沫會越細緻。（請參考 P179）

❸ 將奶泡加入杯中。

❹ 依個人喜好稍微撒上肉桂粉或巧克力粉。

巧克力糖漿如果沒有和咖啡
或牛奶充分拌勻的話，
就會沈澱在杯底。
因此，加入義式濃縮咖啡後，
要充分攪拌均勻，
味道才會融合在一起。

# 5 咖啡摩卡

原本叫做咖啡摩卡拿鐵，簡稱為咖啡摩卡。咖啡中的摩卡有兩個含意，一個是指從中世紀開始，因輸出咖啡而知名的摩卡港，另一個就是巧克力的意思。咖啡摩卡是加了巧克力的咖啡，特別受到剛接觸咖啡的人喜愛，義式濃縮咖啡加上奶泡、巧克力或巧克力醬，充滿柔順香甜風味。

## 準備工具（1人份）
義式濃縮咖啡 30 毫升（一個 Shot）、巧克力醬 20 毫升（或巧克力粉 20 克）、牛奶 200 毫升、肉桂粉（或巧克力粉）少許

## 沖煮步驟
❶ 先將巧克力醬加入要盛裝義式濃縮咖啡的容器中。

❷ 用❶的杯子承接萃取出的義式濃縮咖啡。

❸ 將義式濃縮咖啡和巧克力拌勻。

❹ 將❸倒入咖啡杯中。

❺ 製作奶泡並加入❹。（請參考 P179）

❻ 撒上巧克力粉，或依個人喜好加上鮮奶油或淋上巧克力醬。

最底層是焦糖糖漿，
中間是義式濃縮咖啡，
上面再加上奶泡，
由三層構造所組成。
可以全部拌勻後再喝，
如果不攪拌的話，
則能依序品嘗到
奶泡的滑順感，
接著是義式濃縮的香味，
最後則是焦糖的香甜。

# 6 焦糖瑪奇朵

混合香甜的焦糖糖漿與濃郁義式濃縮，特別受到女性喜愛。加上在國際連鎖咖啡店也有著高人氣，而成為大眾化的飲品。

瑪奇朵（Macchiato）是義大利語中「標記」的意思，其他的咖啡飲品是在義式濃縮中加入糖漿，這款飲品則是在奶泡中最後倒入義式濃縮，就像在白色圖畫紙上，做出深色的標記一樣。

## 準備工具（1人份）
義式濃縮咖啡 30 毫升（一個 Shot）、牛奶 200 毫升、焦糖醬（或焦糖糖漿）20 毫升

## 沖煮步驟
❶ 濃稠的焦糖醬倒入杯中，也可以使用焦糖糖漿。
❷ 準備好奶泡。（請參考 P179）
❸ 將奶泡加入裝有焦糖醬的杯子中。
❹ 萃取義式濃縮咖啡。
❺ 將萃取好的義式濃縮咖啡從固定一個點倒入奶泡中。也可以依個人喜好再淋上焦糖醬。

# 7 阿法奇朵

　　阿法奇朵（Affogato）是義大利語「淹沒」的意思，就如同名字一樣，是將熱義式濃縮淋在冰淇淋上享用的一款咖啡。冰涼的冰淇淋與溫熱的咖啡，甜味與苦味，白色與深褐色的對比，呈現出與眾不同的風味。只要有冰淇淋和義式濃縮就能製作，非常簡單。

## 準備工具（1 人份）
義式濃縮咖啡 30 毫升（一個 Shot）、冰淇淋 1 至 2 球

## 沖煮步驟
❶ 將冰淇淋裝入杯中。
❷ 萃取義式濃縮咖啡。
❸ 將萃取好的義式濃縮咖啡淋上去。

# 8 冰美式咖啡

最受大眾歡迎的美式咖啡，溫和且清涼的風味，尤其在夏天更受到喜愛，特色是苦味較淡且清爽的口感。

## 準備工具（1 人份）

義式濃縮咖啡 30 毫升（一個 Shot）、水 150 毫升、冰塊適量

## 沖煮步驟

❶ 將杯子裝滿冰塊。

❷ 將水倒入裝有冰塊的杯子。

❸ 加入萃取好的義式濃縮咖啡。

---

## Shakerato

義大利語就是「搖動後再喝的咖啡」的意思，在雪克杯中加入糖漿、冰塊與義式濃縮，快速搖晃混合後，就完成了。柔和的咖啡泡沫，加上急速冷卻平衡了義式濃縮原有的濃郁風味，是一款可以優雅飲用的高級冰飲。

# 9 冰咖啡拿鐵

　　柔和且清涼的人氣咖啡飲品，不用特殊的工具也能簡單在家製作。想要濃一點的話，就增加義式濃縮的份量；想要喝較溫和口感的話，多加一點牛奶即可。冰咖啡拿鐵所加的牛奶不用加熱，使用冰牛奶即可。

**準備工具（1 人份）**
義式濃縮咖啡 30 毫升（一個 Shot）、牛奶 150 毫升、冰塊適量

**沖煮步驟**
❶ 將杯子裝滿冰塊。
❷ 將冰牛奶倒入杯中。
❸ 加入萃取好的義式濃縮咖啡。

# 10 冰卡布奇諾

　　將有著濃郁咖啡香氣的咖啡拿鐵，再加上豐富奶泡的飲品。特色是柔和且香濃十足，也可以再加上肉桂粉、可可粉或堅果屑等。使用的是冷藏的冰牛奶，打好奶泡再加上即可。家裡如果沒有奶泡機或法式濾壓壺的話，可以將牛奶倒入攪拌機打發，就能製作出奶泡。

## 準備工具（1人份）

義式濃縮咖啡 30 毫升（一個 Shot ）、牛奶 100 至 120 毫升、冰塊適量、肉桂粉（或巧克力粉）少許

## 沖煮步驟

❶ 將杯子裝滿冰塊。

❷ 將牛奶倒入手邊的奶泡機中。

❸ 製作冰的奶泡。（請參考第 146 頁 ）

❹ 將萃取好的義式濃縮咖啡加入❶中。想要濃一點的話，
　 可以加入兩個 Shot（50 至 60 毫升）。

❺ 加上冰的奶泡，或是蒸氣機打好的奶泡中泡沫的部分，
　 最後個人喜好撒上肉桂粉。

# 11 冰咖啡摩卡

　　將咖啡摩卡做成冰飲，很受到年輕女性的歡迎。結合了濃郁的義式濃縮、牛奶、巧克力醬與打發的鮮奶油，能享用到香醇與甜蜜滋味。也可以用奶泡代替打發的鮮奶油。如果沒有萃取義式咖啡工具的話，可以試著將三合一咖啡混合巧克力醬來製作。

## 準備工具（1 人份）
義式濃縮咖啡 30 毫升（一個 Shot）、牛奶 100 毫升、巧克力醬、打發鮮奶油、冰塊各適量

## 沖煮步驟
❶ 將杯子裝滿冰塊。
❷ 將冰牛奶倒入杯中。
❸ 將義式濃縮咖啡與巧克力醬拌勻。
❹ 將混合巧克力醬的義式濃縮咖啡均勻加入❷中。
❺ 擠上打發鮮奶油，淋上巧克力醬。

# 12 摩卡奇諾

　　摩卡奇諾是將星巴克的星冰樂改良製作的飲品，星冰樂
（Frappuccino）是將義大利語中有「冰涼」意思的「Frappe」與
「Cappuccino」結合，有著「冰涼卡布奇諾」之意。市售的摩卡奇諾
是將義式濃縮、巧克力、少許牛奶和冰塊磨碎所製成的冰咖啡飲品。

## 準備工具（1 人份）
義式濃縮咖啡 30 毫升（一個 Shot）、巧克力醬 30 毫升、牛奶 50 毫升、冰塊
100 克、摩卡冰砂粉 30 克

## 沖煮步驟
❶ 將冰塊放入攪拌機。
❷ 加入摩卡冰砂粉。
❸ 倒入萃取好的義式濃縮咖啡。
❹ 加入牛奶。
❺ 加入巧克力醬。
❻ 用攪拌機磨碎後盛入杯中。

*column 6*

# 特殊風味的
# 柳橙拿鐵

　　咖啡飲品的進化日新月異，以下要介紹的是近來最熱門的飲品，可謂是拿鐵的新世界——柳橙拿鐵。柳橙拿鐵是加了柳橙果肉的咖啡，清新的柳橙香氣與豐富的綿密奶泡，喝完咖啡後留下的柳橙香甜風味，非常受到歡迎。

　　雖然市面上有各式咖啡專賣店，但販售的飲料其實都大同小異，如果喝膩了類似的飲料，不妨挑戰一下柳橙拿鐵。只要將咖啡拿鐵加入一至二天前事先糖漬好的柳橙，就是很特別的飲料。雖然一開始會對這個味道有些陌生，但馬上就會陷入綿密奶泡、微苦咖啡與酸甜柳橙果肉的獨特組合魅力。

## 柳橙與奶泡的搭配

柳橙拿鐵（Orange Bianco）中的 Bianco
就是義大利語中的白色之意，
在雪白綿密的奶泡上，
加上酸甜的柳橙做的飲品。

## 製作柳橙拿鐵

**準備工具（6 人份）**
柳橙 1/2 顆、牛奶 200 毫升、義式濃縮咖啡一個 Shot（也可不加）、柳
橙醬 30 毫升

**沖煮步驟**
❶ 挑選新鮮且甜度高的柳橙，洗淨後連皮切成薄片。
❷ 杯子裡加入適量的柳橙醬。
　**柳橙醬：**將柳橙去皮並適當切碎後，放入玻璃瓶中，撒入充分的白砂
　糖，醃漬 1 至 2 天即可，也可以用柚子醬來代替。
❸ 將牛奶製作成溫熱的奶泡並倒入杯中，先預留一些奶泡綿密的泡沫。
　將柳橙醬與奶泡混合均勻。
❹ 倒入萃取好的義式濃縮咖啡。
❺ 倒入剩下的奶泡。
❻ 將柳橙薄片輕輕放在奶泡上。

### 品嘗職人製作的柳橙拿鐵
如果對有些陌生的柳橙拿鐵味道感到好奇的話，也可以
先到咖啡館嘗嘗，絕對能享用到跟過去喝過的咖啡完全
不一樣的風味。
Super Coffee（汝矣島店 02-785-7853）

拿鐵藝術

# 基本款咖啡拉花、
# 立體造型

　　拉花也稱為「拿鐵藝術」（latte art），就是將「拿鐵」中的牛奶與「藝術」拉花技巧結合，有「用牛奶完成的藝術」之意，也可以說是咖啡師將咖啡和奶泡混合做出的模樣，昇華為藝術作品。

　　好的義式濃縮咖啡、質地綿密的奶泡與細緻的手部動作完成的味道與外觀，三個要素缺一不可，同時也是咖啡技巧中最需要多加練習的一個部分，為了精確完成一個拉花或立體造型，得用到非常多的牛奶練習。不過，有幾個基本的拉花和立體奶泡造型，只要稍微掌握一點訣竅，就能在家中輕鬆做出名店級的享受。在特別的日子裡，試著用親手完成的獨一無二拉花，享用與眾不同的咖啡主題吧！

# 1 雲朵卡布奇諾

卡布奇諾的奶泡特色是泡沫多且輕，不容易散開，適合用來製作最基本的立體造型。用卡布奇諾咖啡匙將奶泡舀上咖啡杯並層層鋪滿，就能表現出在天空一團團軟綿雲朵的模樣。

## 準備工具（1 人份）

義式濃縮咖啡 30 毫升（一個 Shot）、牛奶 150 毫升、蒸氣壺、卡布奇諾咖啡匙、肉桂粉（或巧克力粉）少許

## 製作步驟

❶ 將牛奶加入蒸氣壺中製作奶泡。（請參考 P179）
❷ 將義式濃縮咖啡萃取至卡布奇諾杯中。
❸ 倒入一半的奶泡，此時的奶泡是將牛奶打入了較多空氣的粗奶泡。
❹ 用卡布奇諾咖啡匙將奶泡一匙一匙舀上咖啡杯中。
❺ 撒上肉桂粉或巧克力粉。

---

### 拿鐵和卡布奇諾的奶泡，有何不同？

奶泡可分為兩種，一種是空氣占牛奶 10 至 20% 的拿鐵拉花用奶泡，另一種打入的空氣較多，是卡布奇諾用奶泡。拿鐵拉花用奶泡因為綿密細緻、容易流動，適合表現複雜的花樣，卡布奇諾用奶泡則是較粗，不易流動變形且不容易散開。卡布奇諾可分為濕卡布奇諾（Wet Cappuccino）與乾卡布奇諾（Dry Cappucino），濕卡布奇諾的奶泡較少且綿密、牛奶較多，口味接近拿鐵；乾卡布奇諾則是奶泡較多且較粗，牛奶較少，因此適合製作立體造型奶泡。

# 2 立體貓咪造型拉花

　　3D 拉花是指將奶泡放在咖啡上，堆疊做出立體的造型，是最近很受歡迎的一種拉花方式。想要做出 3D 立體貓咪的話，先在咖啡上堆疊奶泡，再用小湯匙將較粗的奶泡舀上去。不過，打入大量空氣的粗奶泡，在味道或觸感上都會稍嫌遜色，為了可愛或漂亮的立體造型，會稍微影響整杯咖啡的味道或口感。

**什麼是拉花筆？**

要畫出 3D 立體貓咪的眼睛、鼻子、嘴巴，或是做出巧克力花朵時，就需要尖型的拉花筆，尖尖的部分可以用來表現細緻的花樣和線條的粗細。沒有拉花筆時，也可以利用牙籤來畫。

## 準備工具（1 人份）

義式濃縮咖啡30毫升（一個Shot）、牛奶200毫升、可可粉少許、蒸氣壺、茶匙、
拉花筆（或牙籤）

## 製作步驟

① 將義式濃縮咖啡萃取至拿鐵杯中。

② 均勻撒上可可粉。

③ 將牛奶加入蒸氣壺中製作奶泡，此時要盡可能打入大量空氣。

④ 將打好的奶泡倒入②中。

⑤ 用茶匙將奶泡堆疊在適當的位置，做出貓咪的臉。

⑥ 堆出一些高度後，將茶匙稍微往上提，在末端做出尖尖的耳朵。

⑦～⑧ 將拉花筆沾一下義式濃縮的深色泡沫，在白色奶泡上畫出貓咪的眼睛、
鼻子和嘴巴。

# 3 巧克力花朵

　　巧克力花朵是使用拉花筆以雕花法（Etching）繪製而成，雖然完成的模樣看起來複雜，其實很容易描繪，適合拉花初學者挑戰。雕花法是用糖漿來裝飾拉花，只要用拉花筆隨心所欲地勾勒，就能完成各式各樣的圖案。

### 什麼是直接倒入法（Pouring）？

是指不用其他的工具，倒入奶泡時藉著調整高度來表現出圖案的方法。為了拉出成功的拉花，濃稠且密度高的crema、打入適量空氣的奶泡、以及咖啡師巧妙的手部動作是必備元素。倒入法最適合蒸打得宜的濕潤奶泡，要用倒入法的話，蒸氣的壓力就要高一點。咖啡館的機器因為鍋爐大，壓力高，就能做出好的奶泡；大部分家庭用的義式咖啡機壓力較低，想要用直接倒入法做出漂亮的拉花圖案較不容易。

**準備工具（1 人份）**

義式濃縮咖啡 30 毫升（一個 Shot）、牛奶 200 毫升、巧克力醬適量、蒸氣壺、
拉花筆（或牙籤）

**製作步驟**

① 將義式濃縮咖啡萃取至拿鐵杯中。

② 用牛奶製作奶泡。（請參考 P179）

③ 倒入奶泡時，做出十元硬幣大小的圓形。

④ 巧克力醬沿著圓形外圍畫圓。

⑤ 稍微間隔一點距離，再畫一個大一點的圓形。

⑥ 拉花筆從杯子的中心往外勾勒線條。

⑦ 從中心往外畫 8 條線，全部都要畫得對稱。

⑧ 再由外往內畫，一共要畫對稱的 8 條線。

⑨ 最後放上一顆咖啡豆作為裝飾。

# 4 基本款愛心型拉花

愛心是很多人喜歡的拉花形狀，但對於初學者來說，用直接倒入法有些難度，請仔細觀察並跟著試做。

**準備工具（1 人份）**
義式濃縮咖啡 30 毫升（一個 Shot）、牛奶 200 毫升、蒸氣壺

**製作步驟**

❶ 將義式濃縮咖啡萃取至杯中。

❷ 萃取咖啡的同時，用牛奶製作奶泡。（請參考 P179）

❸ 將裝有義式濃縮咖啡的杯子稍微傾斜，倒入一半的奶泡。此時奶泡要從義式濃縮咖啡的中間倒入，使 crema 不散開。

❹ 當注入的奶泡超過一半時，再倒入近 1 公分高的奶泡做成圓形，再將蒸氣壺拿高於距杯子 3 公分處，一邊移動一邊做出愛心的尖端。此時要減少倒入的奶泡量，並細細地注入和收尾，就能完成漂亮的尖尖愛心的形狀。

# 5 基本款 Rosetta 葉片拉花

　　既華麗又有型的蕨葉模樣 Rosetta，雖然是基本的拉花圖形，但卻不是每個人都能馬上輕易做出來，尤其要搭配手部的晃動技巧，才能完成漂亮的 Rosetta 葉片。持鋼杯的手要一邊往兩側輕輕地晃動，並一邊留出適當的間隔。當然，奶泡的濃度也要剛好，才能做出漂亮的 Rosetta 葉片。不同狀態的奶泡，表現出的 Rosetta 寬度和葉片數也會不一樣。

## 練習晃動手勢與傾斜杯子

製作拉花時，為了要表現 Rosetta 葉片等較為困難複雜的圖案，需要搭配手輕輕晃動的技巧。剛開始嘗試拉花時，大部分會因手腕、手臂或肩膀僵硬，而讓拉花圖案失敗，因此就需要練習「輕輕地左右移動」。晃動的動作不僅要輕，還要維持一定的速度；此外，練習傾斜杯子的角度也是重點之一。通常拉花鋼杯離咖啡表面要在 1 公分以內，才能順利畫出圖案。尤其是想畫出波紋較多的細緻圖案時，更要距離 0.5 公分才能畫出來。奶泡的注入點要盡可能地靠近咖啡，並將杯子傾斜以減少落差，當奶泡漸漸倒滿時，慢慢將杯子角度擺正，就不用擔心咖啡流出的問題。

**準備工具（1 人份）**

義式濃縮咖啡 30 毫升（一個 Shot）、牛奶 200 毫升、蒸氣壺

**製作步驟**

❶ 將義式濃縮咖啡萃取至拿鐵杯中。

❷ 製作奶泡，如果奶泡的空氣太多，較難畫出 Rosetta 葉片的形狀，要注意別
打太久。（請參考 P179）

❸ 將杯子稍微傾斜，從杯子的內側倒入奶泡。

❹ 杯子注滿約三分之一時，以中間點為基準，手一邊左右晃動一邊倒入奶泡。

❺ 注入的奶泡超過杯子的一半時，將傾斜的杯子緩緩擺正並抬起，繼續一邊晃
動一邊加入奶泡。

❻ 此時稍稍舉起杯子，在一開始倒的地方會浮現出花萼的形狀。

❼ 快要倒滿杯子時，將杯子維持水平。

❽ 將拉花鋼杯拿至離杯子 3 公分高，勾勒中間的線條。

❾ 線畫完之後，如果在尾端停留太久，尾端會變粗，因此要馬上收尾。

# 特製拿鐵食譜

　　無論是不喜歡咖啡苦味的人，或是不能攝取咖啡因的孕婦或青少年，建議可以試試不加咖啡的拿鐵飲料，只要有打好的奶泡，就能充分享用特製的拿鐵。加入滑順的奶泡，入口時絕佳的口感，即使不加糖也有強烈的甜味，這是因為乳脂肪含量越多，乳糖越多味道就越甜。牛奶的柔順風味和搭配的材料完全融合，就能呈現豐富的味道。尤其是抹茶粉或紅茶粉等天然茶葉的粉末，或是南瓜、地瓜等材料，核桃或杏仁等堅果類都很適合。

　　製作奶泡時要使用冰牛奶，份量裝至比拉花鋼杯的一半再少一些即可。奶泡的溫度為 60℃ 較為適當，太熱的話風味就會消失，太冷的話會無法產生綿密的泡沫。並請注意，牛奶如果高溫煮沸的話，就有可能會出現腥味。

## 地瓜拿鐵

使用市售的地瓜泥，或將蒸地瓜搗碎，加入蜂蜜、鮮奶油，再混合奶泡飲用，當成早餐或點心也很有飽足感。

### 準備工具（1 人份）
地瓜泥 50 克、牛奶 200 毫升、堅果屑少許

### 製作步驟
❶ 將 50 毫升的牛奶做成奶泡，並打入少許空氣。
（請參考 P179）
❷ 將地瓜泥加入奶泡中拌勻。
❸ 剩餘的 150 毫升牛奶做成奶泡後再加上去，可依個人喜好撒上堅果屑。

## 抹茶拿鐵

在早晨喝一杯抹茶拿鐵，結合了微苦綠茶與柔順牛奶的一款飲品，無論熱熱喝或是冰涼飲用都很不錯。

### 準備工具（1 人份）

抹茶粉（或市售的抹茶拿鐵粉）30 克、牛奶 200 毫升

### 製作步驟

❶ 將牛奶加入蒸氣壺中製作奶泡。

❷ 子中加入抹茶粉和少許奶泡拌勻。

❸ 倒入剩餘的奶泡，即完成抹茶拿鐵。市售的抹茶拿鐵粉已經加了糖，所以會有甜味。使用純抹茶粉製作時，也可以再添加糖漿增加風味。

## 巧克力拿鐵

比起常喝的可可，還能品嘗到柔順牛奶的豐富風味。完成後的巧克力拿鐵，也可以再加入棉花糖或巧克力一起飲用。

### 準備工具（1人份）
巧克力粉（或市售的巧克力拿鐵粉）30 至 50 克、牛奶 200 毫升

### 製作步驟
❶ 將牛奶加入蒸氣壺中製作奶泡。
❷ 杯子中加入巧克力粉和少許奶泡拌勻。
❸ 倒入剩餘的奶泡，即完成巧克力拿鐵。若使用含糖的巧克力粉，可直接飲用；如果放的是純巧克力粉，可再加棉花糖或或巧克力，會更加美味。

## 印度茶拿鐵

融合了印度茶獨特香氣與牛奶的印度茶拿鐵，適合在冷風吹來涼颼颼的
日子品嘗，暖一暖身子。

### 準備工具（1 人份）

印度茶拿鐵粉 30 克、牛奶 200 毫升

### 製作步驟

❶ 將牛奶加入蒸氣壺中製作奶泡。

❷ 杯子中加入印度茶拿鐵粉和少許奶泡拌勻。

❸ 倒入剩餘的奶泡即完成，市售的印度茶拿鐵粉
　 已經加了糖，直接飲用即可。

## 紅茶拿鐵

奶茶本身就是非常受歡迎的飲料，再加上滿滿的奶泡，更增添牛奶風味和口感。

### 準備工具（1 人份）
紅茶茶包 2 至 3 個（或市售奶茶粉 30 克）、牛奶 200 毫升

### 製作步驟
❶ 將牛奶加入蒸氣壺中製作奶泡。

❷ 杯子中加入少許奶泡，放入茶包沖泡出濃紅茶。使用市售奶茶粉時，將奶茶粉和少許奶泡拌勻。

❸ 倒入剩餘的奶泡，即完成紅茶拿鐵。市售的奶茶粉已經加了糖，如果用的是紅茶茶包的話，可依個人口味再加入糖漿。

# 特別附錄　手沖咖啡的美味訊息

## 嚴選職人級自家烘焙咖啡名店

咖啡進入所謂的「第三波浪潮」，在前一波浪潮中，跨國連鎖咖啡店讓更多人習慣品飲咖啡，「喝杯咖啡」成為一種融入生活的品味與風格。現在，更多咖啡愛好者進一步追求咖啡的原味，單一風味的單品咖啡、精品或莊園咖啡，搭配各種手沖的道具和技巧，尋找自己最喜愛的咖啡口味。以下介紹幾間自家烘焙的咖啡店，職人們在選豆、烘焙、沖煮的獨家祕訣，成就了豐富又多變的咖啡世界。

### FIKA FIKA 咖啡

「fika」是瑞典文表示「一起喝咖啡的小憩時間」，店主陳志煌於 2013 年拿下北歐盃咖啡烘焙大賽冠軍，打破冠軍自 2003 年以來都是挪威囊中物的慣例。從一開始進口生豆買賣，到現在連名廚江振誠都請他幫忙選配餐廳的咖啡。陳志煌首先引進北歐咖啡的淺焙風格，呈現豆子本身清新明亮的風味，他希望將 FIKA FIKA 當成一個品牌經營，由他經手挑選、烘焙的豆子，都是經過不斷測量和計算，才能將最棒的味道呈現給顧客。

地址　台北市伊通街 33 號 1 樓（伊通公園旁）

## The Lobby Of Simple Kaffa

　　店主吳則霖甫拿下 2016 年世界盃咖啡大師比賽（WBC）的冠軍，為了一圓咖啡夢想，他辭去工程師一職，從行動咖啡攤車開始，將理工人的思維邏輯運用在烘焙與沖煮咖啡上，宛如科學實驗一般的調整水的酸鹼值和軟硬度，調整這些變數對咖啡口味的影響，根據不同的咖啡食譜，變化水溫、奶泡密度和萃取濃度，打造專屬 Simple Kaffa 的味道，創造出自己的獨家咖啡。

**地址** 台北市敦化南路一段 177 巷 48 號 B1（Hotel V）

**f** The Lobby Of Simple Kaffa 　　Q

## Goodmans Coffee

　　台灣土生土長的阿里山咖啡豆特殊風味，吸引了在日本星巴克擔任店長的伊藤篤臣，遷居台灣並成立了品牌「GOODMAN COMPANY」，就是希望將台灣阿里山咖啡豆的好味道推廣到全世界。團隊中的「ALISAN COFFEE」所販售的咖啡豆，是來自台灣海拔最高的咖啡園山坡，尾韻隱約散發著台灣高品質茶香、入口回甘。在咖啡成為生活必需品的現在，團隊中的手沖咖啡店「Goodmans Coffe」，抱持「少量、細膩、更好，講究不妥協」的精神，不斷提升咖啡的好品質。

**地址** 台北市天玉街 110 號／台北市士林區德行西路 38 號／台北市南港區市民大道七段 8 號（台北松山意舍酒店）

**f** Goodmans Coffee 　　Q 　　　**f** Alisan_project 　　　Q

## 芒果咖啡

2004 年從一開始正心校園內七坪大的空間開始，到自家烘焙咖啡館，發展成如今有藝廊和二手黑膠唱片、書店的芒果團隊，在莿桐老家有「Mango Home」本店，Mango Roasteria 專業咖啡烘焙廠以及芒果戲棚咖咖啡教室。除了專業的咖啡豆烘焙及相關咖啡教學，也提供給其他咖啡店家專屬特色的商業豆，而「Mango Art」則是提供專以賽風專賣店和義式咖啡食譜。戲棚咖則不定期舉辦各式咖啡相關活動講座。

地址　雲林縣莿桐鄉中山路 114 號

f 芒果咖啡　　　　　　　　Q

## CAFÉ LULU

店內所使用的咖啡豆，遍及亞洲、東非洲、中美洲和南美洲，在 CAFÉ LULU 的網站上，每一支豆子都有詳盡的背景紀錄，包含海拔、品種、處理、年份和等級，以及杯測筆記和風味紀錄。店內也會不定期更換單品豆，更有少見的「單品咖啡續杯」，就是要讓人充分享受咖啡的美味。

地址　台中市北區五常街 217 號／台中市北區太原路二段 102 號／台中市西區大墩十街 70 號

f Cafe LuLu 自家烘焙任性咖啡館 Q

## 道南館

被稱為「小鬍子」的老闆，先是在 2010 年於台北木柵（政大附近）開設了道南館（台北舊館），接著在 2013 年移居台南，開設道南館－台南新館。店內主要提供兩種焙度的單品咖啡：淺焙和中深焙，萃取

方式則以虹吸壺和愛樂壓為主。MENU 使用的是地球儀，就算對豆名感到陌生，也可以從地域產區挑選符合自己口味的咖啡。

**地址** 台北市文山區新光路一段 8 號／台南市中西區民權路二段 248 號

 道南館 🔍

## 艾咖啡

　　從一間路邊騎樓的小攤車，到終於有一家讓客人歇腳的店面，艾咖啡最大的特色就是拉花，店長程昱嘉獲得 2012 年的台灣拉花冠軍，以及另一位咖啡師、獲得 2016 年世界盃拉花比賽台灣區冠軍的鄭智元；而店內的單品咖啡，可以做成 1+1 的「espresso」和「卡布奇諾」，同時品味兩種不同的風味。

**地址** 台南市中西區西華南街 15 號

🅕 台南艾咖啡 ALFEE Coffee 🔍

## 握咖啡

　　在高雄西子灣港口的握咖啡總部，由 2014 年世界烘豆冠軍賴昱權坐鎮，提供亞洲、非洲、美洲豆系的自家烘焙豆，每一系的豆子分別使用不同的義大利鈦刀磨豆機，避免研磨時的升溫影響豆子香味，同時採用最頂級的手工打造 SYNESSO 義式咖啡機，就是要將每一支咖啡豆的美味發揮到極致。

**地址** 高雄市鼓山區濱海二路 5 號／新竹市金山八街 48 號一樓

🅕 握咖啡 OH！cafe 🔍

## 購買生豆和單品咖啡豆

比起烘焙好的單品和綜合豆，生豆較不易買到，以下介紹幾家專門進口生豆的進口商，再依據自己的需求與偏好選擇。

### 圓石咖啡 Pebble Coffee

專門販售精品生豆，因為品質好、種類多，許多自家烘焙咖啡館都指名要圓石咖啡進口的生豆。在約八、九年前，第三波精品咖啡浪潮還未將台灣的咖啡愛好者捲入前，圓石咖啡就已經是嘗試將精品和莊園咖啡引進台灣的先驅之一。

洽詢 https://www.facebook.com/PebbleCoffee/

### 歐客佬咖啡農場

歐客佬原先是一家在寮國的生豆供應商，後來看中當地適合咖啡樹生長的良好地理環境、土壤和水質，開始經營咖啡農場。除了寮國咖啡豆之外，歐客佬也有烘製完成的各國精品莊園豆。不僅是全台第一家農場直營的咖啡豆供應商，從源頭開始選豆、儲存、混合、烘焙，產銷合一，確保品質始終如一。

洽詢 http://www.oklaocoffee.com/

### 菲米莊園級精品咖啡

只進口莊園咖啡，是希望咖啡交易能夠直接回饋到咖啡農身上，避開產區豆經由國際集團和大型生豆商購買的生意模式，導致咖啡農

被剝削。而莊園豆除了能公平交易之外，也能往上回溯生產者的資訊，包含品種、地理環境和處理方式等等。

**洽詢** http://www.famicoffee.com/

### 碧利咖啡

碧利在 1977 年時，是進口咖啡豆的貿易公司，接著設立小型烘焙的生產代工，將主力集中在熟豆的交易；從源頭咖啡莊園開始，一路到烘焙、精品咖啡批發零售，甚至還有其他生熟豆貿易公司少有的咖啡教學和門市輔導，培訓師皆具有美國精品咖啡協會的專業資格，是國內非常特別的經營模式。

**洽詢** http://www.billiecafe.com/

## 咖啡師培訓課程與單位

### 國際咖啡師證照

目前最具國際公信力的職業證照認證機構，是英國城市專業學會（City & Guilds），提供二十八個職業領域、共五百多項證照考試。以能力為本的考照內容，取得資格，就等同於具備職業資格和工作實力的雙重認證，在超過一百個國家都能使用；在特定大學的推廣教育中心都有相關課程可查詢。

## 台灣咖啡協會

　　是目前整合台灣咖啡業界上下游和愛好者訊息最全面的單位，除了專業的知識、最新的國際資訊，也與國外的業者和全球的咖啡協會觀摩交流，希望能開創更多市場與商機，並建立國內咖啡專業認證制度和教育訓練機構；2014 年與台北職能發展學院、台北市商業處等單位合作，舉辦首度由政府公部門頒發認證執照的「台北市精品咖啡師評定」。

洽詢　http://www.taiwancoffee.org/info.asp

## 台灣咖啡研究室

　　2013 年通過美國精品咖啡協會教學實驗室認證的國際教育合作夥伴，除了生豆的批發和銷售，也致力成為台灣咖啡產業的資訊平台，同時傳播更多業界知識，不僅有國際杯測評鑑系統做咖啡的品質鑑定，也開設歐美兩大精品咖啡協會的系統認證課程和各種非認證訓練，並提供咖啡農、愛好者和業界人員相關的顧問服務。

洽詢　http://tcl.coffee/

## 義大利咖啡師訓練中心 Barista Training Centre

　　特色是所有課程都是「一對一」，為學生打造專屬課程，希望能在課堂上讓學生有更多實作和發問的時間。課程包含 SCAE 咖啡認證

---

### 選擇咖啡師課程的注意事項

通常咖啡師的訓練課程費用都不低，先確定自己想要的內容後，再選擇適合的課程，最好能有多一點的實作。此外，課堂上多少人共用一台機器、是否有多樣化的課程、是否為專業咖啡師學校等，都要先一一確認；有些地方一班的人數就多達二十餘人，講師無法一一觀察學員操作的狀況。

---

系統、Latte Art Grading System 認證、咖啡師專班、拉花師初階班、拉花師進階課程……等。

洽詢 https://www.facebook.com/BaristaTrainingCentre/

### 醜小鴨咖啡師訓練中心

　　課程分為手沖、義式拉花和烘焙，以系統化的教學見長，希望學員所學的觀念能超越器材的限制，例如掌握咖啡顆粒和水的比例、結合，將沖煮的細節拆解為通用的觀念法則，無論使用哪一種機器，掌握基本的觀念，就能沖出一杯好咖啡。

洽詢 http://www.ud-baristatraining.com/

## 咖啡創業的準備

　　開咖啡館之前，有許多要學習的地方，首先要對咖啡一定程度的知識與了解，再來就是要取得證照。在我準備創業的過程中，其實不斷反覆著犯錯、修正的過程，總共花了三年的時間才成功。我將當時的經歷，整理成以下需要注意的幾個地方，提供給正在考慮或是準備要創業的讀者參考。

### 創業不是有夢最美，你得學會經營管理

　　很多人工作了一陣子或從學校畢業，就突然跳進咖啡館創業一途，但創業可不是件容易的事，得要有經營方面的知識才行。講到經營，首先就要知道何謂「行銷」，再來是面對客人的應對或需求事項時所需要的「顧客管理」；還有為了產品的生產或流通，要理解製作

生產管理與庫存管理等。不止如此,店員需要「形象管理」,為了計算收益也要懂得「會計管理」。在創業之前,先問問自己是否有以上管理的基本概念,最起碼得要有財會管理的概念和能力。

## 準備三至六個月的房租和人事費用

在創業初期,會有許多意想不到的費用發生,甫開業就將自己全部的資金花光的話,若是開業後三至六個月需要用錢時,稍有不慎就會發生入不敷出的窘境。也就是說,除了準備開業所需的資金之外,還需要準備能維持開業後三至六個月的初期資金,總額大約是可維持三個月的租金與人事費用。

## 加盟連鎖店?還是有特色的個人咖啡館?

如果是沒有經營咖啡館經驗的人,直接創業的話,需要不少準備並承擔較高的風險,建議可以從加盟連鎖店開始,選擇好的連鎖企業簽約。若不仔細了解,只因為初期費用便宜而簽約的話,說不定「便宜沒好貨」,得不償失。因此,要研究各店鋪的收益、平均規模與租金、人事費用、銷售等,一一確認後再進行簽約。有些連鎖店的加盟金或每月要支付的費用漸漸減少,可能是強制規定要和總公司大量購買原料等,這些也都要事先了解。此外,連鎖咖啡店平均幾年就要重新裝修,合約上若沒有備註簽訂的話,那段期間的收入就可能會因裝修費用而損失,這個部分也需要確認。

開大型連鎖咖啡店,如果為了增加來客量,店址選在主要商圈,租金勢必會非常昂貴。一旦租金變高,利潤也必須增多,就得多賣一點咖啡了。要多賣咖啡的話,就需要更多的工作人員,人事費用自然

也就會增加。在這樣的惡性循環之下，就有可能發生來客量多，但卻還是收支不平衡的情況。因此，即使是連鎖店，與其大規模經營，不如以較小但充實的規模來進行營運較佳。

個人咖啡館則是對於有經營經驗的人較為有利，提高利潤對於有經驗的人來說是輕而易舉，還能依自己的風格來裝潢店面。只是初期對客人的宣傳期間會有點辛苦，有一定知名度且有收益之後，未來就很有機會能平穩經營下去。一步一步地打造自己夢想中的店，個人咖啡館的成就感確實更高。準備開連鎖咖啡館，通常要兩個月的時間，而個人咖啡館則以六至十二個月的準備期較佳。

生活樹系列 037

# 大師級手沖咖啡學
홈메이드 커피

| | | |
|---|---|---|
| 作　　　者 | 崔榮夏 | |
| 譯　　　者 | 黃薇之 | |
| 總　編　輯 | 何玉美 | |
| 副總編輯 | 陳永芬 | |
| 主　　　編 | 賴秉薇 | |
| 封面設計 | 萬亞雰 | |
| 內文排版 | 許貴華 | |

| | |
|---|---|
| 出版發行 | 采實出版集團 |
| 行銷企劃 | 黃文慧・鍾惠鈞・陳詩婷 |
| 業務發行 | 張世明・楊筱薔・鍾承達・沈書寧 |
| 會計行政 | 王雅蕙・李韶婉 |
| 法律顧問 | 第一國際法律事務所　余淑杏律師 |
| 電子信箱 | acme@acmebook.com.tw |
| 采實粉絲團 | http://www.facebook.com/acmebook |

| | |
|---|---|
| Ｉ Ｓ Ｂ Ｎ | 978-986-9331-96-8 |
| 定　　　價 | 420 元 |
| 初版一刷 | 2016 年 8 月 |
| 劃撥帳號 | 50148859 |
| 劃撥戶名 | 采實文化事業股份有限公司 |
| | 104 台北市中山區建國北路二段 92 號 9 樓 |
| | 電話：(02)2518-5198 |
| | 傳真：(02)2518-2098 |

國家圖書館出版品預行編目資料

大師級手沖咖啡學 / 최영하 崔榮夏作；黃薇之譯 . --
初版 . -- 臺北市：采實文化 , 2016.08
　　面；　公分 . -- ( 生活樹系列；37)
ISBN 978-986-9331-96-8( 平裝 )

1. 咖啡

427.42　　　　　　　　　　105013045

홈메이드 커피
Copyright © 2014 by Choi YoungHa
Originally Korean edition published by RH Korea Co., Ltd.
The Traditional Chinese Language edition © 2016 by ACME Publishing Co., Ltd
The Traditional Chinese translation rights arranged with RH Korea Co., Ltd.
through M.J Agency.

采實出版集團
ACME PUBLISHING GROUP

采實文化　采實文化事業有限公司
ACME PUBLISHING

104台北市中山區建國北路二段92號9樓

## 采實文化讀者服務部　收

讀者服務專線：02-2518-5198

大師級
手沖咖啡學

選豆・烘焙・手沖・品飲

咖啡教父傳授沖出好咖啡的重要小細節

崔榮夏——著
黃薇之——譯

# 大師級手沖咖啡學

**讀者資料（本資料只供出版社內部建檔及寄送必要書訊使用）：**

1. 姓名：

2. 性別：□男　□女

3. 出生年月日：民國　　　　年　　　　月　　　　日（年齡：　　　　歲）

4. 教育程度：□大學以上　□大學　□專科　□高中（職）　□國中　□國小以下（含國小）

5. 聯絡地址：

6. 聯絡電話：

7. 電子郵件信箱：

8. 是否願意收到出版物相關資料：□願意　□不願意

**購書資訊：**

1. 您在哪裡購買本書？□金石堂（含金石堂網路書店）　□誠品　□何嘉仁　□博客來
   □墊腳石　□其他：＿＿＿＿＿＿＿＿＿＿＿＿＿＿＿＿＿＿＿（請寫書店名稱）

2. 購買本書日期是？＿＿＿＿＿＿年＿＿＿＿＿＿月＿＿＿＿＿＿日

3. 您從哪裡得到這本書的相關訊息？□報紙廣告　□雜誌　□電視　□廣播　□親朋好友告知
   □逛書店看到　□別人送的　□網路上看到

4. 什麼原因讓你購買本書？□喜歡咖啡　□網路推薦　□被書名吸引才買的　□封面吸引人
   □內容好，想買回去參考　□其他：＿＿＿＿＿＿＿＿＿＿＿＿＿＿＿＿（請寫原因）

5. 看過書以後，您覺得本書的內容：□很好　□普通　□差強人意　□應再加強　□不夠充實
   □很差　□令人失望

6. 對這本書的整體包裝設計，您覺得：□都很好　□封面吸引人，但內頁編排有待加強
   □封面不夠吸引人，內頁編排很棒　□封面和內頁編排都有待加強　□封面和內頁編排都很差

**寫下您對本書及出版社的建議：**

1. 您最喜歡本書的特點：□圖片精美　□實用簡單　□封面設計　□內容充實

2. 關於咖啡的訊息，您還想知道的有哪些？
   ＿＿＿＿＿＿＿＿＿＿＿＿＿＿＿＿＿＿＿＿＿＿＿＿＿＿＿＿＿＿＿＿＿＿＿＿＿＿＿＿＿＿
   ＿＿＿＿＿＿＿＿＿＿＿＿＿＿＿＿＿＿＿＿＿＿＿＿＿＿＿＿＿＿＿＿＿＿＿＿＿＿＿＿＿＿

3. 您對書中所傳達的步驟示範，有沒有不清楚的地方？
   ＿＿＿＿＿＿＿＿＿＿＿＿＿＿＿＿＿＿＿＿＿＿＿＿＿＿＿＿＿＿＿＿＿＿＿＿＿＿＿＿＿＿
   ＿＿＿＿＿＿＿＿＿＿＿＿＿＿＿＿＿＿＿＿＿＿＿＿＿＿＿＿＿＿＿＿＿＿＿＿＿＿＿＿＿＿

4. 未來，您還希望我們出版哪一方面的書籍？
   ＿＿＿＿＿＿＿＿＿＿＿＿＿＿＿＿＿＿＿＿＿＿＿＿＿＿＿＿＿＿＿＿＿＿＿＿＿＿＿＿＿＿
   ＿＿＿＿＿＿＿＿＿＿＿＿＿＿＿＿＿＿＿＿＿＿＿＿＿＿＿＿＿＿＿＿＿＿＿＿＿＿＿＿＿＿

# 廚房裡最重要的
# 小事百科

廚房裡的每一件小事，
都可以做得更精準！

正確洗菜、醃肉、燉湯、蒸蛋、煎魚，
400 個讓廚藝升級、精準做菜的家事技巧

龍東姬◎著

# 經典歐式麵包大全

60 道經典麵包配方 ×
500 張精彩照片圖解

義大利佛卡夏・法國長棍・德國黑裸麥麵包，
「世界級金牌烘焙師」60 道經典麵包食譜

艾曼紐・哈吉昂德魯◎著

**10 分鐘做早餐**

「10 分鐘早餐」
快速、美味、多變化！

崔耕真◎著

**Le Creuset**
**鑄鐵鍋手作早午餐**

第一本鑄鐵鍋早午餐食譜

Le Creuset Japon K.K ◎編著
坂田阿希子◎食譜審訂

**新食感抹醬三明治**

53 種極上抹醬 × 46 道
三明治料理，超人氣輕食的醬料
配方大公開

朝倉めぐみ◎著

スマートな注ぎ口と
愛着のわくフォルム
クラシックケトルリーブル

Classic Kettle
Libre

軽い!
720g

コードレスタイプなので
持ち運びも便利!

注ぎ口は細い水流でも
思い通りに調整できます

Smart!

当水煮沸後
將自動斷電

Time
Saving!

・1000W 功率，快速煮沸
・防空燒功能！
・離開底座自動斷電功能

バランスのとりやすい
ハンドル形状

開口が大きいので
お手入れもラクラク!

容量
0.8L

Handy!

・壺蓋、壺身：304 不鏽鋼材質

récolte®

享受一個人優雅品味空間
為生活增添快意色彩